普通高等教育教材

物理化学实验

陈 超 齐海霞 郑湘娟 居 艳
编

WULI HUAXUE
SHIYAN

化学工业出版社
·北京·

内容简介

《物理化学实验》共由四部分组成。其中第一部分为物理化学实验基本知识；第二部分为实验内容，共设计了20个实验项目，涉及热力学、电化学、动力学、界面化学、胶体化学和结构化学内容，可供不同学时、不同专业的学生选择；第三部分专门介绍Origin软件，通过4个具体的实验案例逐一讲解该软件在数据处理方面的应用；最后附录部分通过18个附表，提供了物理化学中常用的数据。

本教材可作为普通高等学校化学、化工、生物、环境、制药、食品等专业的基础物理化学实验教学用书。

图书在版编目（CIP）数据

物理化学实验 / 陈超等编. -- 北京 ： 化学工业出版社，2026. 1. --（普通高等教育教材）. -- ISBN 978-7-122-48157-3

Ⅰ. O64-33

中国国家版本馆CIP数据核字第2025149LY2号

责任编辑：李晓红　　文字编辑：毕梅芳　师明远
责任校对：赵懿桐　　装帧设计：刘丽华

出版发行：化学工业出版社
（北京市东城区青年湖南街13号　邮政编码100011）
印　　装：北京天宇星印刷厂
787mm×1092mm　1/16　印张 9¾　字数 232 千字
2026年1月北京第1版第1次印刷

购书咨询：010-64518888　　售后服务：010-64518899
网　　址：http://www.cip.com.cn
凡购买本书，如有缺损质量问题，本社销售中心负责调换。

定　　价：36.00元　

前言

在科技飞速发展的当下，物理化学实验作为化学学科的核心实践课程，重要性日益凸显。它既是理解分子运动规律、探索物质变化本质的关键途径，也是化学、材料、工程等学科连接理论与实践的桥梁，肩负着培养学生科学思维与创新能力的重任。随着纳米技术、人工智能、新能源等前沿技术的兴起，物理化学实验教学迎来机遇与挑战，亟待与时俱进，满足时代对高素质人才的需求。

本书旨在成为学生探索物理化学实验领域的重要指南。新时代的物理化学实验教学既要夯实学生学科基础，又要对接学术前沿，提升创新实践能力，助力高质量人才培养。为此，本书精心设计了 20 个涵盖热力学、动力学、电化学、表面与胶体化学、结构表征等的实验项目，构建了系统完备的知识体系。每个实验项目都经编写团队反复商讨打磨，让学生体验物理化学原理的实证过程，深刻领悟知识内涵，掌握扎实实验技能。

本书紧跟信息化潮流，针对物理化学实验大循环模式下实验与理论容易出现不同步的问题，配套了丰富的数字化资源。学生扫码即可获取实验内容，为预习提供全面支持，亦可助力教师开展“翻转课堂”等新型教学模式，有效提升教学效率与质量。鉴于物理化学实验数据处理量大、专业性强的特点，本书借助 Origin 专业软件提供了多个实验的数据处理示例，这些示例帮助学生逐步掌握数据处理方法，提升从实验数据中提取有价值信息的能力，为科研工作奠定基础。

本书由陈超、齐海霞、郑湘娟、居艳担任主编。实验 1 至实验 5 由陈超编写；物理化学实验基础知识、实验 16 至实验 20 由齐海霞编写；实验 6 至实验 10 由居艳编写；实验 11 至实验 15、Origin 数据在物理化学中的应用以及数据附录由郑湘娟编写。此外，基础化学实验中心的郭惠、邓圣军、陈佩钰也对本书的编写给予了无私的帮助和支持，在此向他们致以崇高的敬意和衷心的感谢。

本书适用于化学、材料科学与工程专业等本科生，也可供科研人员参考。限于编者水平，疏漏之处恳请读者指正。

编者

2025 年 12 月

目录

第一部分　物理化学实验基本知识

第二部分　实验项目

第三部分　Origin 软件在物理化学实验中的应用

附录

第一部分　物理化学实验基本知识

一、物理化学实验目的和任务

物理化学是自然科学中一门重要学科，如今物理化学几乎渗透到所有物质学科领域中，也与我们的日常生活息息相关，人们无时无刻不在运用着物理化学的基本原理和实验方法。面对新的教学实验体系，物理化学实验依然是基础化学实验的重要部分，它是综合运用了物理和化学实验技术、手段及数学方法来研究物质性质以及这些性质与其化学反应间关系的一门实验科学。实验内容包括化学热力学、化学动力学、电化学、界面化学、胶体化学以及物质结构等方面的一些实验。

开设物理化学实验的目的是通过实验，帮助学生巩固、加深对物理化学课程中基本理论的理解，提高学生对物理化学知识的灵活运用能力；使学生掌握物理化学实验的基本方法和技能；锻炼学生观察现象、正确记录和处理实验数据以及分析归纳实验结果的能力；培养学生严肃认真、实事求是的科学态度和作风；使学生养成整洁、卫生的良好实验习惯，为今后参加工作和开展科学研究打下良好的基础。

物理化学实验的基本任务是通过老师讲解和十几个实验的训练，使学生掌握恒温调节、热化学测定、电化学测定、界面化学及胶体化学和结构化学测定的一些基本的物理化学实验技能及一些常用仪器如数字温度计、真空数字压力计、电导率仪、电位差计、旋光仪、折光仪、磁天平等的使用方法，使学生理解每个实验的原理以及提高他们的实验技能。

二、物理化学实验要求

物理化学实验课是一门基础实验课程，旨在培养学生严肃认真、实事求是的科学态度，以及分析解决问题的能力。因此在进行每个具体实验时，必须严格要求学生按照实验要求做好实验预习、完成实验操作、及时处理实验数据并提交实验报告。

（一）做好实验预习

（1）实验前要做好充分的预习，了解实验的目的和实验所依据的原理、方法，明确实验需要测量哪些物理量，实验过程中需要记录哪些数据，了解如何使用仪器，以及仪器的使用条件及维护，实验所用的药品及实验的注意事项。通过预习要对实验做到心中有数，如有疑问应在实验前请教师指导。

（2）书写实验预习报告，预习报告内容应包括实验目的、简明原理、实验所用的仪器及药品、实验操作步骤、实验注意事项及数据记录表格等。预习报告供学生实验过程中作为参考。

（二）认真实验

（1）进入实验室后按事先分配的实验项目到指定实验台，穿好实验服，首先核对仪器及药品，如发现问题应及时向教师提出。在开始实验前要仔细认真听教师的实验内容介绍和实验操作讲解，经教师同意后方可进行实验。

（2）严格按照实验操作步骤进行实验，不得随意改动，若有改动的必要，应事先征求教师的同意方可进行。

（3）实验过程要细心操作、仔细观察，认真记录原始数据，发现异常现象应仔细查找原因并分析解决问题，不明白的问题应请教指导教师共同分析解决。实验结果需经教师检查，签字合格后方可停止实验。如数据不合格，应查找原因，重新做实验，直至获得满意的实验结果。

（4）养成良好的实验数据记录习惯和正确的记录方法，物理化学实验数据较多，养成良好的数据记录习惯非常重要，要把原始数据详细、准确、实事求是地记录在预习实验报告上，所记录的原始数据不得随意涂改和伪造。

（5）保持良好的实验条件，不得在实验室内大声喧哗走动，不做与实验内容无关的事。随时保持仪器和桌面的整洁，酸碱腐蚀药品不能沾在仪器和工作台上，若有沾污应立即擦拭。实验完毕，关闭电源，清洗仪器并放回原位，整理实验台面，不得把药品、仪器带出实验室外。做好实验室的卫生工作后，经教师同意后方可离开实验室。

（三）正确书写实验报告

（1）做完实验后，每位学生都应该在规定的时间内独立完成实验报告。一份完整的实验报告内容应包括：实验名称、实验日期、实验环境、实验操作者、实验目的、实验原理、实验仪器和药品、实验步骤或实验操作流程图、实验注意事项、实验原始数据及数据处理、实验结果分析与讨论、思考题回答等。

（2）实验报告是实验的总结，是评价实验工作的依据，通过书写实验报告，可以培养学生分析、归纳、总结问题的能力，并训练学生科学实验文字表达的能力。实验报告中“结果的讨论”是实验报告的“重中之重”，它的意义在于可以把实验获得的感性认识上升到理性认识，讨论的内容包括对实验现象的分析解释、对实验结果的分析、实验的心得体会及实验的改进意见等，合格的实验报告应该具有深入细致的实验讨论，没有实验讨论的实验报告是不合格的报告。

实验报告格式：

物理化学实验报告			
实验题目：			
专业：	班级：	实验者：	同组成员：
实验日期：	室温：	大气压：	指导教师：

续表

一、实验目的 二、实验原理 三、实验仪器和药品 四、实验步骤 五、实验注意事项 六、实验原始数据及处理 七、实验结果分析及讨论 八、思考题回答

（实验报告采取统一实验报告纸；数据处理用表格，作图用坐标纸或作图软件）

三、物理化学实验室的安全知识

化学实验室内人员集中、实验操作频繁，加之室内存放有大量有毒化学药品、易燃易爆品和仪器设备等，实验室事故常有发生，如：火灾事故、爆炸、中毒、触电事故和环境污染事故等，造成了不少人员伤亡、巨大财产损失以及严重的环境污染。为了确保实验室内人员的安全，确保实验室的正常运转，为教学科研提供安全保障，每位实验室活动人员要有强烈的安全意识，具备基本的实验室安全知识。下面结合物理化学实验室的特点介绍安全用电常识及使用化学药品、实验设备的安全防护等知识。

实验室安全　消防安全及处理

（一）安全用电

人体通过 50 Hz、1 mA 的交流电就有感觉，通过 5～10 mA 的交流电会引起肌肉痉挛，呼吸困难，达到 50 mA 以上就有生命危险。此外，用电不当还会损坏仪器设备，甚至发生火灾。为了保障人身安全，要特别注意实验室安全用电。

1. 防止触电

（1）不能用潮湿的手接触电器。

（2）所有电源的裸露部分都应有绝缘装置。

（3）已损坏的接头、插座、插头或绝缘不良的电线应及时更换。

（4）必须先接好线路再插上电源，实验结束时，必须先切断电源再拆线路。

（5）如遇人触电，应切断电源后再行处理。

2. 防止火灾和短路

（1）物理化学实验室内一般允许使用的最大电流负荷为 30 A，而一般的实验台电源为 15 A，当使用功率特别大的用电器时，应先计算电流量，严格按规定安装保险丝，并且使用较粗的电线，使电线的安全通电荷量大于用电功率。

（2）生锈的仪器或接触不良的地方应及时处理，以免产生火花，特别是在室内有煤气等易燃易爆物品时更要格外小心。

（3）如遇电线着火时，切勿用水或泡沫灭火器等导电液体灭火，应立即切断电源，并用沙、二氧化碳或四氯化碳灭火器灭火。

(4) 为防止短路，电线中各接点要牢固，电路元件两端接头不能直接接触，以免发生烧坏仪器、触电、着火等事故。

3. 电器仪表的安全使用

(1) 使用实验仪器前，应当了解实验仪器所要求的电源是交流电还是直流电、是三相电还是单相电，电压的大小（如 380 V、220 V、6 V）以及直流电器仪表的正、负极。

(2) 仪表量程应大于待测量。待测量大小不明时，应从最大量程开始测量。

(3) 开始实验之前，应先由指导教师检查线路，经指导教师同意后方可接通电源。

(4) 在实验过程中，如发生不正常声响、局部温度升高或嗅到焦味，应立即切断电源，并报告指导教师进行检查。

(二) 安全使用化学药品

实验过程中，常常会用到易燃、易爆、有腐蚀性和有毒性的化学药品，因此进行化学实验之前一定要熟识使用化学药品的安全注意事项，以避免实验事故的发生。

(1) 一切易燃易爆药品的实验操作都必须远离火源。

(2) 在实验室使用煤气、氢气等可燃气体时，要防止气体泄漏，用完后一定要关好气体阀门，并保持室内通风良好。

(3) 严禁将强氧化剂与强还原剂放置在一起；久藏的乙醚使用前应除去其中可能产生的过氧化物。

(4) 一切有毒或有刺激性药品的实验操作都必须在通风橱内进行。

(5) 乙醚、乙醇和苯等有机易燃药品，安放和使用时必须远离明火，取用完毕后立即盖紧瓶塞和瓶盖放回原处。

(6) 嗅闻气体时，鼻子不能直接对着瓶口，应用手轻拂气体，使少量气体扇向自己再嗅。

(7) 浓酸、浓碱具有很强的腐蚀性，切勿溅在衣服、皮肤上，特别是勿溅在眼睛上。在稀释浓硫酸时，必须将浓硫酸慢慢注入水中，并且不断搅拌，切勿将水注入浓硫酸中。

(8) 不知反应机理，没有相关知识储备，不得随意混合各种化学药品。

(9) 禁止在实验室内饮食、抽烟和打闹，防止有毒药品（氰化物，砷化物，汞化物，高价铬盐、钡盐和铅盐等）进入口内或接触伤口。

(10) 实验过程中使用有毒药品更应特别注意，有毒废液必须进行统一回收，不得倒入水槽，以免与水槽中的残酸作用而产生有毒气体。

(三) 安全使用气体钢瓶

在物理化学实验中，经常要使用一些气体，例如在“燃烧热的测定”实验中要使用氧气。为了便于运输、储藏和使用，通常将气体压缩成高压气体或液化气体，灌入耐压钢瓶内。当钢瓶受到撞击或遇高温时就会有发生爆炸的危险。另外，一些压缩气体有剧毒，一旦泄漏也会造成严重后果，因此安全地使用气体钢瓶是十分重要的。使用钢瓶必须注意下列事项：

(1) 在使用气体钢瓶前，要按照钢瓶外表涂料颜色、字样等正确识别气体种类，切勿误用以免造成事故。

(2) 气体钢瓶在运输、储存和使用时，注意勿使气体钢瓶与其他坚硬物体碰撞，或暴晒在烈日下以及靠近高温处，以免引起钢瓶爆炸。钢瓶应定期进行安全检查，如进水压试验、气密性试验和壁厚测定等。

（3）严禁油脂等有机物沾污氧气钢瓶，因为油脂遇到逸出的氧气可能燃烧，如已有油脂沾污，应立即用四氯化碳洗净。氢气、氧气或可燃性气体钢瓶严禁靠近明火。

（4）存放氢气钢瓶或其他可燃性气体钢瓶的房间应注意通风，以免漏出的氢气或可燃性气体与空气混合后遇到火种发生爆炸。室内的照明灯及电气通风装置均应防爆。

（5）原则上有毒气体（如液氯等）钢瓶应单独存放，严防有毒气体逸出，注意室内通风。最好在存放有毒气体钢瓶的室内设置毒气鉴定装置。

（6）若两种钢瓶中的气体接触后可能引起燃烧或爆炸，则这两种钢瓶不能存放在一起。如氢气瓶和氧气瓶、氢气瓶和氯气瓶等。

（7）气体钢瓶存放或使用时要固定好，防止滚动或跌倒。为确保安全，最好在钢瓶外面装置橡胶防震圈。液化气体钢瓶使用时一定要直立放置，禁止倒置使用。

（8）不能将钢瓶内的气体全部用完，要留下一些气体，以防止外界空气进入气体钢瓶。

（9）不同气体的气压表一般不能混用。气压表设有总压力表和分压力表，分别指示钢瓶内总压力和用气压力。使用时将气压表和钢瓶连接好，将调压阀逆时针旋至最松的位置上（即关闭减压阀），打开钢瓶气体出口阀门，总压力表即指示出钢瓶内气体的总压力。用肥皂水检查气压表与钢瓶连接处是否漏气，如不漏气，即可将调压阀门顺时针旋转（即打开减压阀），开启向系统送气，其压力由分压力表指示。用气完毕，先关闭气体出口阀门，再打开调压阀门让气体排空，使总压力表和分压力表指示都下降至零，再关闭调压阀门。应该特别强调一点，在打开气体出口阀门时，如果调压阀门没有关闭（即逆时针旋到最松位置上），调压阀就会因高压气流的冲击而失灵，损坏气压表。

（四）物理化学实验室学生守则

为了在确保实验安全的前提条件下，学生能顺利完成物理化学实验，学生进入物理化学实验室时应遵守以下守则：

（1）学生应按编定的组别到指定的位置做实验，不得随意调动实验台位。

（2）实验前必须有实验预习报告，认真复习与实验有关的理论知识，明确实验的原理、目的要求、实验方法、步骤和注意事项，经指导教师检查合格后方可进行实验操作。

（3）严格遵守纪律，注意保持实验室的安静、整洁，实验时不得喧哗或大声讨论，不准将实验废液、废物乱倒乱扔，尽量减少不必要的走动，以免影响实验结果和他人做实验。

（4）严格遵守实验仪器的操作规程，在使用仪器前，应了解其性能和操作方法，对精密、贵重仪器设备，应在教师指导下认真操作。

（5）要以严谨的科学态度进行实验，实验时要认真记录实验数据和实验现象，对实验中发生的问题，要善于分析，力求从理论上加以解释，实验结束后，必须按规定的时间和要求完成实验报告。

（6）按要求使用水电和有毒有害化学药品，避免事故的发生。在实验室发生安全事故时，应保持冷静，应在保障自身安全的前提下采取适当的抢救措施，控制现场，并报告指导教师酌情处理。

（7）实验完毕，按规定做好仪器设备的擦洗、校验、复原工作，自觉做好实验室的清洁，经指导教师检查同意后方可离开实验室。

（8）实验过程中如损坏仪器设备，应如实报告实验指导教师或实验工作人员，办理登记手续，凡属疏忽大意或违反操作规程而造成丢失或损坏仪器、设备及其他公物者，要酌情赔偿，情节严重者，给予纪律处分。

四、实验数据记录与处理

物理化学实验作为高等院校化学相关专业的必修基础实验课程之一，具有其自身特点，它需要仪器测定数据，而测定结果多为间接的，不能直接表达出物理量之间的关系，因此需要对实验数据进行处理。大部分实验需要通过数据处理、图形绘制、数据分析得到相应数学表达式。因此，数据处理及图形表达在物理化学实验中有着非常重要的地位。

数据关系可以通过列表法、作图法和图解法来表达。

（一）列表法

列表法是将实验中测定的数据、处理过程数据和最终结果等以一定的形式和顺序列成表格的方法。列表法是记录和处理数据的基本方法，表中的实验数据可以是同一个物理量的多次测量值，也可以是几个物理量按一定格式有序排列的对应数值。一般表格的格式需要按照不同的实验事先设计好，要求把各个实验中测量的自变量数据、计算过程数值、因变量数值和最后结果按照一定的顺序列成两维表格。可采用首行符号栏，首列序号栏，其余数据栏的格式。根据需要还可以列出除原始测定数据以外的计算栏目和统计栏目等。

列表法简单、容易操作、结构紧凑、条目清晰，既可以简明地反映有关变量间的关系，便于及时检查和发现实验中存在的问题，判断测量结果的合理性，又有助于分析实验结果，找出有关物理量之间存在的规律性联系，进而求出经验公式。不仅如此，列表还可以提高处理数据的效率，减少和避免差错。根据需要把某些计算中间项列出来，不但有利于进行有效数字的简化处理，避免不必要的重复计算，还能随时与原始数据进行核对，判断运算是否有错。所以，设计一个简明醒目、合理美观的数据表格，是每一位学生都要掌握的基本技能。

列表虽然没有统一的格式，但所设计的表格要能充分反映上述优点，应遵循以下原则：

（1）表的上方应有表题，写明表的序号及所列表格的名称；

（2）标题栏目要简单明了、分类清楚，便于显示有关物理量之间的关系；

（3）各栏目要注明所记录的物理量的名称及量纲，数据的名称用标准符号表示，如 p(压力)/Pa，符号若是自定义的应加以说明；

（4）栏目的顺序应充分注意数据间的联系和计算顺序，力求简明、齐全、有条理；

（5）必要时附加说明。

总而言之，列表的过程就是整理实验思绪的过程，只有在清楚了解实验目的、原理、方法、步骤以及误差处理要求的基础上，才能列出科学、合理、实用、方便的数据处理表格。

（二）作图法

物理化学实验中测得的各物理量之间的关系，可以用函数式表示，也可以用各种图线表示，后者称为实验数据的图线表示法。实验产生的大量数据相互之间的关系并不是很直观，仅仅通过观察这些数据难以确定它们之中所蕴含的关系。因此，通过作图可有效地帮助人们形象地、有联系地“看到”这些数据之间的关系，从而更有效地进行处理分析和推理，把数据可视化。作图法把形象思维和逻辑思维有机地联系在一起，从而达到启迪思维、促进科学创新的目的。定量图线形象直观、一目了然，不仅能简明地显示物理量之间的相互关系、变化趋势，而且能方便地找出函数的极大值、极小值、转折点、周期和其他奇异性，特别是对那些尚未找到适当解析函数表达式的实验结果，可以从作图法所画出的图线中去寻找相应的经验公式，从而提出物理量之间的变化规律。

利用作图分析物理量之间的关系一般有以下优点：

（1）作图法具有简明、直观、形象地显示物理量之间关系的特点，尤其是对多条图线进行比较时，比列表法更形象。

（2）可以根据图线的形状和变化趋势分析研究物理量之间的变化规律，找出相互对应的函数关系，甚至外推某些规律或得到所求的参量。如液体饱和蒸气压的测定实验中，用外推法来获得乙醇的正常沸点。函数的极大值、极小值或转折点，在图形上表现得非常直观。又如环己烷-乙醇双液系相图的测定实验中，通过绘制的相图可直观地确定体系的最低恒沸点及恒沸物组成。

（3）可以作出仪器的校准曲线。

（4）可以进行曲线改值。在用作图法处理实验数据时，物理量之间可能存在各种各样的函数关系。如果通过适当的坐标变换，将物理量之间的非线性关系转化为一次函数关系，则图像将由曲线转化为直线。如化学动力学中的阿伦尼乌斯方程 $k=A\exp[-E_a/(RT)]$，两边取对数：$\ln k=\ln A-E_a/(RT)$，以 $\ln k$ 对 $1/T$ 作图，从斜率可以求出活化能 E_a，从截距可求出碰撞频率 A。这样物理量之间的关系会变得更加直观，研究问题的分析也会更加简便。

（5）可以作切线求函数的微商。实验数据经处理后作图，从图中的曲线可求出曲线上各点表示的函数的微商值。从曲线求函数微商值的方法是在选定点上作切线，切线的斜率是该点函数的微商值。如最大泡压法测表面张力实验中，张力 σ 与浓度 c 曲线选点的切线斜率即为 $\mathrm{d}\sigma/\mathrm{d}c$，从而可求此浓度下的吸附量。

（6）可以图解积分。若图中的因变量是自变量的导数函数，当无法知道该导数函数解析表达式时，通过求图中曲线所包围的面积，可得到因变量的积分值。

作图并不复杂，但对于许多学生来说，却是一种困难的科学技巧，这是由于他们缺乏基本的训练，而在思想上对作图又没有足够的重视。只要认真对待，并遵循作图的一般规则进行训练，是能够绘制出好的图线的。

制作一副完整的、正确的图线，其基本步骤包括：

（1）图纸的选择。直线是最容易绘制的图线，也便于使用，所以在已知函数关系的情况下，作两个变量之间的关系图线时，最好通过适当的变换将某种函数关系的曲线改为线性函数的直线。

例如：

① $y=kx+m$，y 与 x 为线性函数关系，所以选用直角坐标系就可以得直线。

② $y=kx^m$，取对数，则 $\lg y=\lg k+m\lg x$，$\lg y$ 与 $\lg x$ 为线性函数关系，应选用对数坐标纸，就能得到一条直线。

③ $y=k\mathrm{e}^{mx}$，取自然对数，则 $\ln y=\ln k+mx$，$\ln y$ 与 x 为线性函数关系，应选用半对数坐标纸。

(2) 图纸大小的选择。原则上以不损失实验数据的有效位数并能包括所有实验点作为选取图纸大小的最低限度，即图上的最小分格至少应与实验数据中最后一位准确数字相当。对于直角坐标系，要以自变量为横轴，以因变量为纵轴。用粗实线在坐标纸上描出坐标轴，标明其所代表的物理量（或符号）及单位，在轴上每隔一定间距标明该物理量的数值。

(3) 坐标纸的大小及坐标轴的比例，要根据测得值的有效数字和结果的需要来定。原则上讲，数据中的可靠数字在图中应为可靠的，而最后一位的估读数在图中亦是估计的，即不能因作图而引进额外的误差。在坐标轴上每隔一定间距应均匀地标出分度值，标记所有有效数字位数应与原始数字的有效位数相同，单位应与坐标轴的单位一致。坐标的分度应以不用计算便能确定各点的坐标为原则，为便于读图通常只用 1、2、5、10 等进行分度，而不用 3、7 等进行分度。为了充分利用坐标纸并使图线布局合理，坐标分度不一定从零开始，可以用低于原始数据的某一整数作为坐标分度的起点，用高于测量所得最高值的某一整数作为终点，这样图线就能充满所选用的整个图纸。

(4) 标实验点。要根据所测得的数据，用明确的符号准确地标明实验点，要做到不错不漏。常用的符号表示有“＋”“×”“⊙”“△”等。

若在同一图纸上画不同图线，标点应该用不同符号，以便区分。同时应在不同的曲线旁边进行文字标注，以便识别。还可用不同颜色对不同的曲线加以区分。

(5) 连接实验图线。由于每个实验数据都有一定的误差，所以图线不一定要通过每个实验点。应该按照实验点的总趋势，把实验点连成光滑的曲线（仪表的校正曲线不在此列），使大多数的实验点落在图线上，其他的点在图线两侧均匀分布，这相当于在数据处理中取平均值。对于个别偏离图线很远的点，要重新审核，进行分析后决定是否应剔除。

在确信两物理量之间的关系是线性的，或所有的实验点都在某一直线附近时，将实验点连成一直线。

(6) 注解和说明：作完图后，在图的明显位置上标明图名、作者和作图日期，有时还要附上简单的说明，如实验条件等，使读者能一目了然，最后要将图粘贴在实验报告上。

(三) 图解法

图解法是利用已作好的图线，定量地求得待测量或得出经验公式。例如，可以通过图中直线的斜率或截距求得待测量的值；可以通过内插或外推求得待测量的值；还可以通过图线的渐近线，以及通过图线的叠加、相减、相乘、求导、积分、求极值等来得出某些待测量的值。这里主要介绍直线图解法求出斜率或截距，进而得出完整的直线方程，以及插值法求待测量的值。

物理化学实验内容中的大部分实验数据处理、图形绘制、数据分析等可以通过计算机软件获得，采用计算机软件辅助处理数据可以克服传统手工计算、绘图、分析方法的费时费力、计算精度不高和作图误差大等缺点，可以减少误差，使实验结果更加精确可靠。它是新形势下学生需要掌握的一项技能。大多数学生都比较熟悉 Word、Excel 等常用办公软件的操作，但是很少有同学知道或者使用过较为专业的科学绘图、数据分析软件。因此结合开课情况，本书第三部分详尽地介绍 Origin 数据输入、数据处理和基本绘图等基本操作，把实验数据通过 Origin 软件处理变成直观可视的图形、曲线，便于学生分析数据的规律、数据变化的趋势等，从而进一步培养学生的数值分析与绘图的能力。

第二部分 实验项目

实验 1 醋酸电离平衡常数的测定

【实验目的】

1. 学会使用电导率仪测量醋酸弱电解质溶液的电导率。
2. 学会用电导法计算弱电解质的电离平衡常数。

【实验原理】

导体导电能力的大小，常以电阻的倒数$\frac{1}{R}$表示，即有：

$$G=\frac{1}{R} \tag{1-1}$$

式中，G 为电导，S。

导体的电阻与其长度成正比，与其截面积成反比，即 $R=\rho\frac{l}{A}$，ρ 是比例常数，称为电阻率或比电阻。根据电导与电阻的关系，则有：

$$G=\kappa\left(\frac{A}{l}\right) \tag{1-2}$$

κ 称为电导率或比电导，它相当于长为 1 m、截面积为 1 m^2 导体的电导，其单位是 $S \cdot m^{-1}$。对于电解质溶液，浓度不同，其电导亦不同。如取 1 mol 电解质溶液来量度，即可在给定条件下就不同电解质溶液来进行比较。1 mol 电解质溶液全部置于相距为 1 m 的两个平行电极之间，溶液的电导率称为摩尔电导率，以 Λ_m 表示。如溶液的摩尔浓度以 c 表示，则摩尔电导率可表示为：

$$\Lambda_m=\frac{\kappa}{1000c} \tag{1-3}$$

式中，Λ_m 的单位是 $S \cdot m^2 \cdot mol^{-1}$；$c$ 的单位是 $mol \cdot dm^{-3}$。Λ_m 的数值常通过溶液的电导率 κ 经式(1-3) 计算得到。而 κ 与电导 G（或电阻 R）有直接关系，由式(1-1)可知

$$\kappa=\frac{l}{A}\times G \quad 或 \quad \kappa=\frac{l}{A}\times\frac{1}{R} \tag{1-4}$$

对于确定的电导池来说，$\frac{l}{A}$ 是常数，称为电导池常数 K_{cell}。电导池常数数值一般标示在电极上。

对于弱电解质来说，可以认为它的电离度（α）等于溶液在浓度为 c 时的摩尔电导率和溶液在无限稀释时的摩尔电导率之比，即

$$\alpha = \frac{\Lambda_m}{\Lambda_m^{\infty}} \tag{1-5}$$

其中无限稀释时的摩尔电导率 Λ_m^{∞} 可查表得。

对于 AB 型弱电解质在溶液中电离达到平衡时，电离平衡常数与浓度和电离度有下列关系：

$$K_c = \frac{c\alpha^2}{1-\alpha} \tag{1-6}$$

将式(1-5) 代入式(1-6) 可得：

$$c\Lambda_m = (\Lambda_m^{\infty})^2 K_c \frac{1}{\Lambda_m} - \Lambda_m^{\infty} K_c \tag{1-7}$$

$c\Lambda_m$ 对 $1/\Lambda_m$ 作图得一直线，通过斜率即可求得电离平衡常数 K_c。

【实验仪器与药品】

仪器：电导率仪（配铂电极）、锥形瓶、移液管、恒温水槽。

药品：醋酸溶液、电导水。

【实验装置】

实验装置如图 1-1 所示。

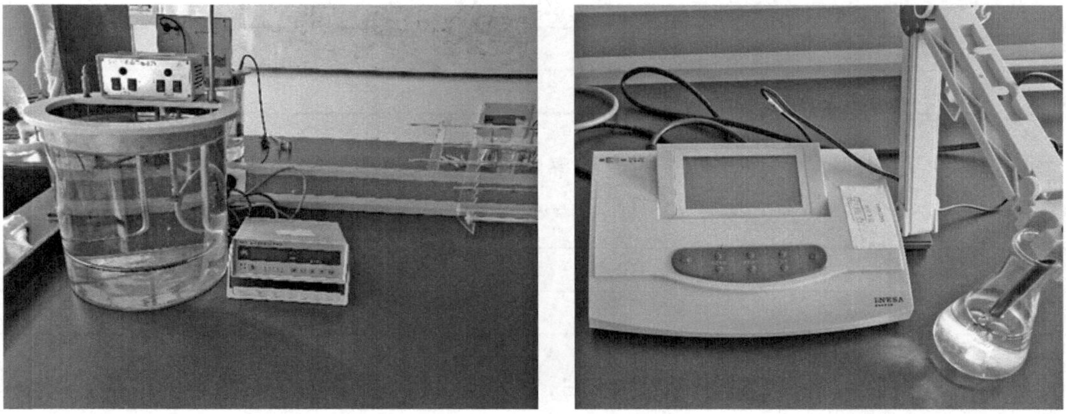

图 1-1　实验装置图

【实验步骤】

1. 调节恒温水槽温度为（25±0.1）℃，打开电导率仪预热 10 min，用蒸馏水润洗电导池和电极 3 次。

2. 取两个带塞的锥形瓶，一个放入 200 mL 去离子水，另一个用移液管放入 25 mL

醋酸溶液，均置于恒温水浴中恒温 15 min，将电导率仪上的“选择”开关置于“校正”，调节“常数”旋钮，使显示的数值与标示于电极上的电极常数相同。温度选择实验温度。

3. 用醋酸溶液淌洗电导池和电极 3 次，插入电极，将电导率仪上的“选择”开关置于“测量”，用电导率仪测定溶液的电导率 κ_1，测 2 次，至读数接近为止。

4. 用取水的专用移液管取 25 mL 恒温的去离子水注入电导池中，混合均匀，测其电导率 κ_2。取出 25 mL 上述溶液再注入 25 mL 恒温的去离子水，如此稀释 3 次，测定溶液不同浓度的电导率。

5. 取出电极，用蒸馏水淌洗 3 次，再放入恒温去离子水中测其电导率。

6. 将恒温槽温度升到 30 ℃，重复上述实验操作，获得溶液及电导水的电导率。

7. 实验结束后整理桌面，清洗仪器，关闭仪器电源。

【注意事项】

1. 配制各种浓度的醋酸溶液时要准确。

2. 测定电导率时要恒温，每次读数前都要重新校正电极常数。

3. 测定过程中电导池应被浸没，全程不能取出，且溶液密封，防止稀释过程中浓度变化。

4. 电极不使用时应浸泡在蒸馏水中，使用时用滤纸轻轻沾干水分，不可用纸擦拭电极上的铂黑。

【数据处理】

室温________　　压强________

1. 原始数据，见下表。

$c/(\mathrm{mol \cdot dm^{-3}})$	$\kappa_1/(\mathrm{S \cdot m^{-1}})$	$\kappa_2/(\mathrm{S \cdot m^{-1}})$	$\kappa_3/(\mathrm{S \cdot m^{-1}})$	$\kappa_{平均}/(\mathrm{S \cdot m^{-1}})$
去离子水				

因醋酸是弱电解质，因此醋酸的电导率应为溶液的电导率减去水的电导率，即：

$$\kappa_{\mathrm{HAc}}=\kappa_{溶液}-\kappa_{水}$$

$c/(\mathrm{mol \cdot dm^{-3}})$	$\kappa_{\mathrm{HAc}}/(\mathrm{S \cdot m^{-1}})$	$\Lambda_{\mathrm{m}}/(\mathrm{S \cdot m^2 \cdot mol^{-1}})$	$c\Lambda_{\mathrm{m}}/(\mathrm{S \cdot m^{-1}})$	$(1/\Lambda_{\mathrm{m}})/(\mathrm{mol \cdot S^{-1} \cdot m^{-2}})$

2. 用 $c\Lambda_{\mathrm{m}}$ 对 $1/\Lambda_{\mathrm{m}}$ 作图进行线性回归，求出相应的斜率和截距，从而获得不同温度下醋酸的电离平衡常数 K_{C}。

3. 通过求得的不同温度电离平衡常数，讨论此反应吸放热情况。

【思考与讨论】

1. 强、弱电解质溶液的电导率和摩尔电导率随浓度的变化规律如何？

2. 什么是电导池常数？如何测量？

3. 测电导率时为什么要恒温？实验中测电导池常数和溶液电导率，温度是否要一致？

实验 2　最大泡压法测定溶液表面张力

【实验目的】

1. 掌握最大泡压法测定表面张力的原理，了解影响表面张力测定结果的因素。

2. 了解弯曲液面下产生附加压力的本质，熟悉拉普拉斯方程、吉布斯吸附方程，了解朗缪尔（Langmuir）单分子层吸附公式的应用。

3. 测定不同浓度正丁醇溶液的表面张力，计算正丁醇的饱和吸附量和正丁醇分子的截面积。

【实验原理】

1. 表面张力的产生

在液体内部的任何分子周围的吸引力是平衡的（此处不考虑分子间斥力的影响），但在液体表面层的分子却不相同。因为表面层的分子，一方面受到液体内层邻近分子的吸引，另一方面受到液面外部气体分子的吸引，通常情况下前者的作用要比后者大。因此在液体表面层中，每个分子都受到垂直于液面并指向液体内部的不平衡力（图 2-1）。

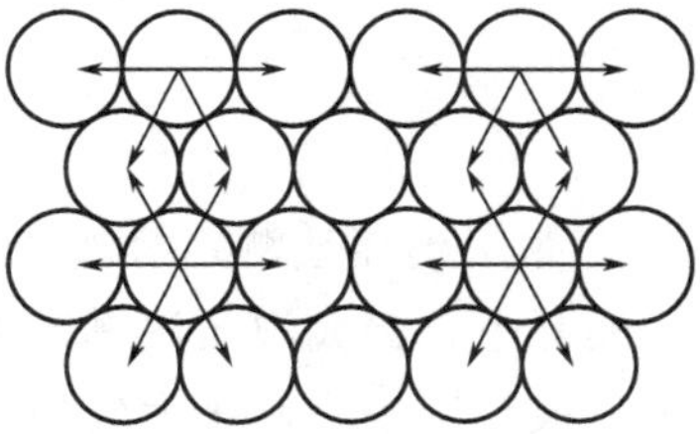

图 2-1　液体内部和表面层分子受力情况

这种表面张力有自动减小表面的趋势，若要增大液体的表面积，就必须克服表面层分子比在内部分子更高的势能，这部分额外势能就是表面自由能。通常把增大 1 m^2 表面所需的最大功 A 或增大 1 m^2 所引起的表面自由能的变化值 ΔG 称为单位表面的表面能，其单位为 $J \cdot m^{-2}$；而把液体限制其表面增大以及力图使它收缩的单位直线长度上所作用的力，称为表面张力，其单位是 $N \cdot m^{-1}$。液体单位表面的表面能和它的表面张力在数值上是相等的。

实际上，不仅在气液界面存在表面张力，在任何两相界面处都存在表面张力。表面张力的方向与界面相切，垂直作用于某一边界，方向指向使表面积缩小的一侧。液体的表面张力与温度有关，温度愈高，表面张力愈小。到达临界温度时，液体与气体部分，表面张力趋近于零。液体的表面张力也与液体的纯度有关。在纯净的液体（溶剂）中如果掺进杂质（溶质），表面张力就会发生变化，其变化的大小取决于溶质的本性与加入量的多少。

由于表面张力的存在，产生了很多特殊的界面现象。

2. 弯曲液面下的附加压力

液体的表面一般是一个平面，但在某些特殊情况下（例如在毛细管中），则是一个弯曲表面。由于表面张力的作用，在弯曲液面内外受到的压力不相等。

如果液面是水平的，则表面张力也是水平的，当平衡时，沿周界的表面张力相互抵消，此时液体表面内外压力相等，而且等于表面上的外压力。

如果液面是弯曲的，则沿某一周界上的表面张力不是水平的。在平衡状态下，表面张

力将产生一个合力 Δp，使得弯曲液面下方的液体所受的实际压力与外部的压力不同。当液面为凸形时，该合力指向液体内部，液面下的液体受到的实际压力大于外压；当液面为凹形时，合力指向液体外部，液面下的液体受到的实际压力小于外压。这一合力 Δp，即为弯曲表面受到的附加压力，附加压力的方向总是指向曲率中心。

附加压力与表面张力的关系用拉普拉斯方程表示为：

$$\Delta p=\frac{2\sigma}{R} \tag{2-1}$$

式中，σ 为表面张力；R 为弯曲表面的曲率半径。

该公式是拉普拉斯方程的特殊式，适用于弯曲表面刚好为半球形的情况。

3. 毛细现象

毛细现象则是上述弯曲液面下具有附加压力的直接结果。假设溶液在毛细管表面完全润湿，且液面为半球形，则由拉普拉斯方程以及毛细管中升高（或降低）的液柱高度所产生的压力，可通过测量液柱高度即可求出液体的表面张力。这就是毛细管上升法测定溶液表面张力的原理。此方法要求管壁能被液体完全润湿，且液面呈半球形。

$$\Delta p=\frac{2\sigma}{R}=\rho g h \tag{2-2}$$

$$\sigma=\rho g h R/2 \tag{2-3}$$

4. 最大泡压法测定溶液的表面张力

实际上，最大泡压法测定溶液的表面张力是毛细管上升法的一个逆过程。将待测表面张力的液体装于表面张力仪中使毛细管的端面与液面相切，由于毛细现象液面即沿毛细管上升，打开抽气瓶的活塞缓缓抽气，系统减压，毛细管内液面上受到 $p_{大气}$ 比表面张力仪瓶中液面上压力 $p_{系统}$ 大，毛细管液面缓缓下降。

当毛细管端面上产生的作用力稍大于毛细管口液体的表面张力时，气泡将从毛细管口脱出，此时压力差与附加压力相等，即

$$p_{压差}=p_{大气}-p_{系统}=\Delta p=\frac{2\sigma}{R} \tag{2-4}$$

如果毛细管半径很小，则形成的气泡基本上是球形的。当气泡开始形成时，表面几乎是平的，这时曲率半径最大；随着气泡的形成，曲率半径逐渐变小，直到形成半球形，此时的曲率半径 R 与毛细管半径 r 相等，曲率半径达到最小值，而压差随着 $p_{系统}$ 的减小此时也增加到了最大。根据上式，$R=r$ 时的最大附加压力为：

$$\Delta p_{最大}=\frac{2\sigma}{R_{最小}} \tag{2-5}$$

对于同一套表面张力仪，毛细管半径 r、测压液体密度、重力加速度都为定值，因此为了数据处理方便，将上述因子放在一起，用仪器常数 K 来表示，式(2-4) 可简化为

$$\sigma=K\Delta p_{最大} \tag{2-6}$$

式中的仪器常数可用已知表面张力的标准物质测得，通常用纯水来标定。

5. 溶液中的表面吸附

从热力学观点来看，液体表面缩小是一个自发过程，这是使体系总自由能减小的过程，欲使液体产生新的表面 ΔA，就需对其做功，其大小应与 ΔA 成正比。

$$W'=\sigma\Delta A \tag{2-7}$$

如果 ΔA 为 1 m^2，则 $W'=\sigma$ 是在恒温恒压下形成 1 m^2 新表面所需的可逆功，所以 σ 称为比表面功，也称为比表面吉布斯自由能，其单位为 $J \cdot m^{-2}$。也可将 σ 看作是作用在界面上每单位长度边缘上的力，称为表面张力，其单位是 $N \cdot m^{-1}$。在定温下纯液体的表面张力为定值，要想降低能量只能依靠缩小表面积来完成，因此通常见到的小露珠为球形，此时表面积最小，能量最低。而对于溶液，能量的降低有两种方式，一是通过改变溶液的表面张力，二是通过减小界面面积。通常以降低溶液表面张力的方法来降低溶液表面的能量。

当加入某种溶质形成溶液时，表面张力发生变化，其变化的大小取决于溶质的性质和溶质加入量的多少。根据能量最低原理，如果溶质能降低溶剂的表面张力，则表面层中溶质的浓度比溶液内部大；如果溶质使溶剂的表面张力升高，则它在表面层中的浓度比在内部的浓度低，这种表面浓度与内部浓度不同的现象叫作溶液的表面吸附。在指定的温度和压力下，溶质的吸附量与溶液的表面张力及溶液的浓度之间的关系遵守吉布斯（Gibbs）吸附方程。

$$\Gamma = -\frac{c}{RT} \times \frac{d\sigma}{dc} \tag{2-8}$$

式中，Γ 为溶质在表层的吸附量；σ 为表面张力；c 为吸附达到平衡时溶质在溶液中的浓度。

当 $\frac{d\sigma}{dc}<0$ 时，$\Gamma>0$，称为正吸附；当 $\frac{d\sigma}{dc}>0$ 时，$\Gamma<0$，称为负吸附。吉布斯吸附方程应用范围很广，上述形式仅适用于稀溶液。

引起液体表面张力显著降低的物质叫表面活性物质，被吸附的表面活性物质分子在界面层中的排列，决定于它在液层中的浓度，图 2-2(a) 和图 2-2(b) 是不饱和层中分子的排列，图 2-2(c) 是饱和层分子的排列。当界面上被吸附分子的浓度增大时，它的排列方式在改变，当浓度足够大时，被吸附分子盖住了所有界面的位置，形成饱和吸附层，分子排列方式如图 2-2(c)。这样的吸附层是单分子层，随着表面活性物质的分子在界面上愈加紧密排列，此界面的表面张力也逐渐减小。以表面张力对浓度作图，可得到 σ-c 曲线（图 2-3）。

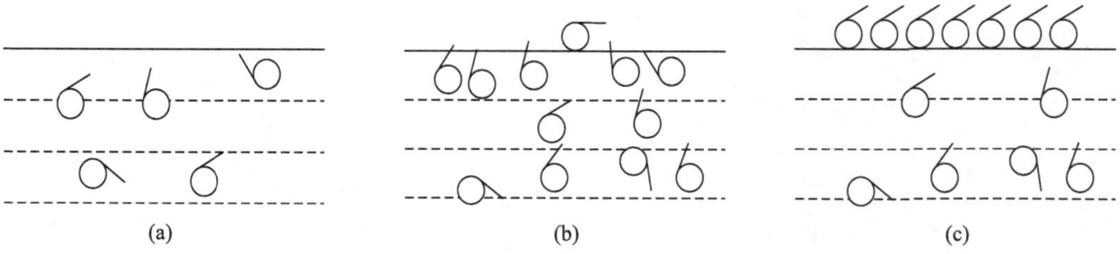

图 2-2　被吸附分子在界面上的排列图

从图 2-3 中可以看出，在开始时 σ 随浓度增加而迅速下降，之后的变化比较缓慢。在 σ-c 曲线上任取一点 a 作切线，得到在该浓度点的斜率 $\frac{d\sigma}{dc}$，代入式(2-8)，得到该浓度时的表面吸附量，同理，可以得到其他浓度下对应的表面吸附量，以不同的浓度 c 对其相应的吸附量 Γ 作图可得一曲线，这种 $\sigma = f(c)$ 的线性关系称为吸附等温式。

对于正丁醇的吸附等温线，满足随浓度增加，吸附量开始显著增加，但浓度达到一定时，吸附量达到饱和，因此可以从吸附等温线得到正丁醇的饱和吸附量 Γ_∞。

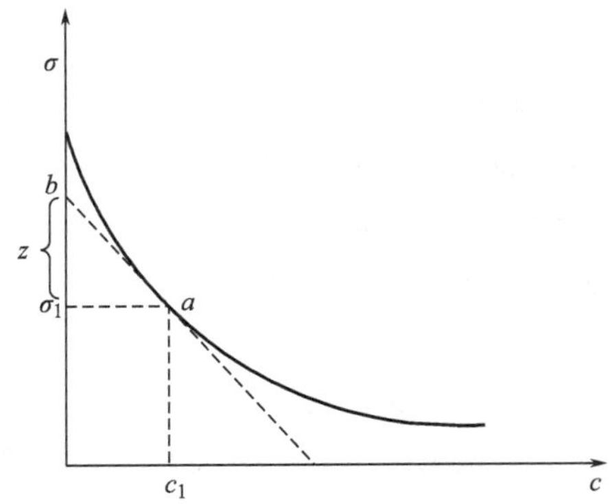

图 2-3　表面张力与浓度的关系图

也可以假定正丁醇在水溶液表面满足单分子层吸附。根据朗谬尔公式

$$\Gamma=\Gamma_\infty\frac{kc}{1+kc} \tag{2-9}$$

Γ_∞ 为饱和吸附量，即表面被吸附物铺满一层分子的 Γ。对式(2-9) 整理可得：

$$\frac{c}{\Gamma}=\frac{kc+1}{k\Gamma_\infty}=\frac{c}{\Gamma_\infty}+\frac{1}{k\Gamma_\infty} \tag{2-10}$$

以 c/Γ 对 c 作图，得一直线，该直线的斜率为 $1/\Gamma_\infty$。

由所求得的 Γ_∞ 代入式(2-10)，可求得被吸附的单分子的截面积 S_0：

$$S_0=1/(\Gamma_\infty N_A) \tag{2-11}$$

式中，N_A 为阿伏伽德罗常数。

若已知溶质的密度（ρ）和摩尔量（M），就可根据以下公式计算吸附层厚度（d）。

$$d=\frac{\Gamma_\infty M}{\rho} \tag{2-12}$$

【实验仪器与药品】

仪器：最大泡压法表面张力仪 1 套，洗耳球 1 只，20 mL、10 mL 移液管各 1 支，50 mL 容量瓶 8 个，500 mL 烧杯 1 个。

药品：正丁醇（分析纯）、蒸馏水。

【实验装置】

实验装置如图 2-4 和图 2-5 所示。

图 2-4　最大泡压法测定溶液表面张力的实验装置图

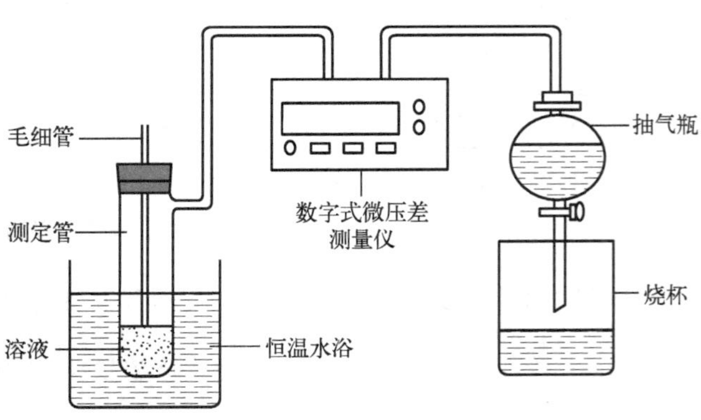

图 2-5　最大泡压法测定溶液表面张力的实验装置简图

【实验步骤】

1. 仪器准备与检漏

按图 2-4 连接好实验装置（接口处涂抹少量凡士林以保证密封性），接通数字式微压差测量仪电源。在恒温条件下将一定量蒸馏水注入表面张力仪中，调节液面，使毛细管口恰好与液面相切。先使系统与大气相通，按下压差测量仪“采零”键，再将通大气玻璃管封闭。旋开抽气瓶活塞，让水缓慢滴出，使体系内的压力降低到一定值，关闭活塞，若 1～2 min 内压差计的压差不变，则说明体系不漏气，可以进行实验。

2. 仪器常数的测量

打开抽气瓶活塞，调节抽气速度，使气泡由毛细管尖端成单泡逸出，且每个气泡形成的时间为 5～20 s。若形成时间太短，则吸附平衡来不及在气泡表面建立起来，测得的表面张力不能反映该浓度的真正表面张力值。当气泡刚脱离管端的一瞬间，数字式微压差测量仪显示最大压差时，记录最大压力差，连续读取 3 次，取其平均值。查出实验温度时水的表面张力，求出仪器常数 k。

3. 表面张力随溶液浓度变化的测定

分别配制浓度为 0.4 $mol \cdot L^{-1}$、0.3 $mol \cdot L^{-1}$、0.2 $mol \cdot L^{-1}$、0.1 $mol \cdot L^{-1}$、0.05 $mol \cdot L^{-1}$、0.025 $mol \cdot L^{-1}$ 的正丁醇溶液各 50 mL，由稀到浓依次测量其最大压力差。每次测量前，必须用少量待测液洗净样品管，尤其是毛细管部分，按照步骤 2 所述方法测定，每个浓度溶液应重复测量 3 次，取平均值。

4. 实验结束

关闭仪器电源，用蒸馏水洗净样品管及毛细管，将毛细管浸入蒸馏水中保存，整理桌面等。

【注意事项】

1. 仪器系统不能漏气。

2. 所用毛细管必须干净、干燥，应保持垂直，端面应与液面相切。使用前若管子里有水则需用洗耳球将水吹出去。

3. 测定溶液的表面张力时，要从浓度低到浓度高的溶液依次进行。避免待测溶液污染，浓度发生明显变化。

4. 每次安装好仪器，进行测定前，注意要先打开抽气瓶上的塞子，连通大气，再塞紧塞子进行实验测定。

5. 读取数字式微压差测量仪的压差时，应取气泡单个逸出时的最大压力差。

【数据处理】

1. 将各实验数据统计，整理填入表格中。

实验	水	相同测试温度下，不同浓度（$mol \cdot L^{-1}$）的正丁醇溶液的最大压力差					
1							
2							
3							
平均值							

2. 计算仪器常数 K 和溶液表面张力 σ，绘制 σ-c 曲线。
3. 作切线求斜率，并求出 Γ 和 c/Γ。
4. 绘制 c/Γ-c 等温线，由直线斜率求出 Γ_∞，并计算正丁醇分子的截面积 S_0。

【思考与讨论】

1. 毛细管尖端为什么要刚好与液面相切?
2. 气泡逸出速度较快对实验结果有什么影响?
3. 为什么要读取的是最大压力差?

实验 3　蔗糖水解速率常数的测定

【实验目的】

1. 了解旋光仪的基本原理，掌握其使用方法。
2. 利用旋光法测定蔗糖水解反应的速率常数与半衰期。
3. 巩固一级反应的动力学特征。

【实验原理】

蔗糖在水中转化为葡萄糖和果糖：

$$\underset{(\text{蔗糖})}{C_{12}H_{22}O_{11}} + H_2O \xrightarrow{H^+} \underset{(\text{葡萄糖})}{C_6H_{12}O_6} + \underset{(\text{果糖})}{C_6H_{12}O_6}$$

其中，蔗糖和葡萄糖是右旋的，果糖是左旋的，但果糖的比旋光度比葡萄糖大，反应过程中，溶液的旋光度将由右旋逐渐变为左旋。

蔗糖水解反应是一个二级反应，但由于水是大量存在的，在反应过程中可以认为浓度不变，反应过程中的氢离子是一种催化剂，也可以认为浓度不变，由此，蔗糖水解反应可作为一级反应来处理，又称为“假一级反应”。

如果以 c 表示到达 t 时刻的反应物浓度，k 表示反应速率常数，则一级反应的速率方程为：

$$-\frac{dc}{dt}=kc \tag{3-1}$$

对式(3-1)积分可得：

$$\ln c=-kt+\ln c_0 \tag{3-2}$$

式中，c 为反应过程中的浓度；c_0 为反应初始浓度。当 $c=c_0/2$ 时，反应所用时间为 $t_{1/2}$，称为半衰期。代入式(3-2)，得：

$$t_{1/2}=\frac{\ln 2}{k}=\frac{0.693}{k} \tag{3-3}$$

测定反应过程中的反应物浓度，以 $\ln c$ 对 t 作图，就可以求出反应的速率常数 k。在这个反应中，利用体系在反应进程中的旋光度不同，来度量反应的进程。

用旋光仪测出的旋光度值，与溶液中旋光物质的旋光能力、溶剂的性质、溶液的浓度、温度等因素有关，固定其他条件，可认为旋光度 α 与反应物浓度 c 呈线性关系。物质的旋光能力用比旋光度来度量：

$$[\alpha]_{\mathrm{D}}^{20}=\frac{100\alpha}{lc_A} \tag{3-4}$$

蔗糖的比旋光度 $[\alpha]_{\mathrm{D}}^{20}=66.6°$，葡萄糖的比旋光度 $[\alpha]_{\mathrm{D}}^{20}=52.5°$，果糖是左旋性物质，它的比旋光度 $[\alpha]_{\mathrm{D}}^{20}=-91.9°$。因此，在反应过程中，溶液的旋光先是右旋的，随着反应的进行右旋角度不断减小，过零后再变成左旋，直至蔗糖完全转化，左旋角度达到最大。

当 $t=0$ 时，蔗糖尚未开始转化，溶液的旋光度为：

$$\alpha_0=\beta_{反应物}c_0 \tag{3-5}$$

当蔗糖已完全转化时，体系的旋光度为：

$$\alpha_\infty=\beta_{生成物}c_0 \tag{3-6}$$

式中，β 为旋光度与反应物浓度关系中的比例系数。

任意时刻 t 时，蔗糖浓度为 c，旋光度应为：

$$\alpha_t=\beta_{反应物}c+\beta_{生成物}(c_0-c) \tag{3-7}$$

由式(3-5)、式(3-6)可得：

$$c_0=\frac{\alpha_0-\alpha_\infty}{\beta_{反应物}-\beta_{生成物}}=\beta(\alpha_0-\alpha_\infty) \tag{3-8}$$

由式(3-6)、式(3-7)可得

$$c=\frac{\alpha_t-\alpha_\infty}{\beta_{反应物}-\beta_{生成物}}=\beta'(\alpha_t-\alpha_\infty) \tag{3-9}$$

将式(3-8) 和式(3-9)代入 $\ln c=-kt+\ln c_0$，可得

$$\ln(\alpha_t-\alpha_\infty)=-kt+\ln(\alpha_0-\alpha_\infty) \tag{3-10}$$

根据实验测得的反应过程中的旋光度值计算 $\ln(\alpha_t-\alpha_\infty)$，再对时间 t 作图，可得一条直线，根据直线斜率可求得反应速率常数 k，进而可以求得反应的半衰期 $t_{1/2}$。

【实验仪器与药品】

仪器：旋光仪 1 台、超级恒温槽 1 套、台秤 1 台、50 mL 烧杯 2 个、25 mL 移液管 2 支、100 mL 带塞锥形瓶 2 个、洗耳球 1 只。

药品：蔗糖（分析纯）、4 $\mathrm{mol \cdot L^{-1}}$ 盐酸溶液。

【实验装置】

旋光仪和旋光管如图 3-1 和图 3-2 所示。

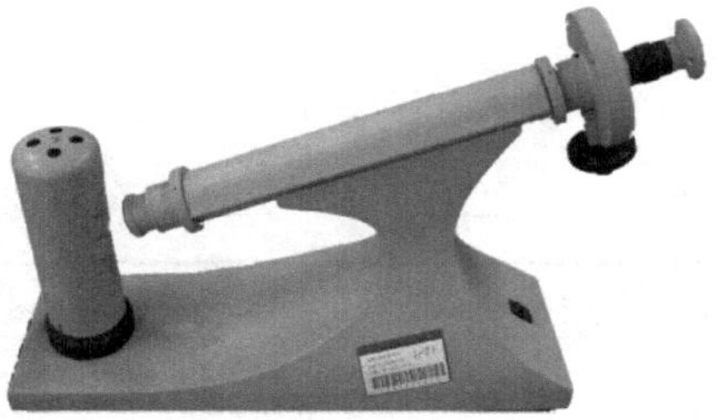

图 3-1 旋光仪

图 3-2 旋光管

【实验步骤】

1. 了解和熟悉旋光仪的构造和使用方法

2. 旋光仪零点校正

打开旋光仪光源预热。将干净的恒温旋光管一端的盖子旋紧，向管内注入蒸馏水，把玻璃片盖好，保证管内无大气泡存在。再旋紧套盖，用吸水纸擦净旋光管。大头朝上放入旋光仪，盖上槽盖，调节目镜使视野清晰，然后旋转检偏镜至观察到的三分视野暗度相等为止（三分视野边界线消失），记下检偏镜的旋转角 α，重复操作 3 次，取其平均值，即为旋光仪的零点。

3. 蔗糖水解过程中 α_t 的测定

用台秤称取 5 g 蔗糖，放入 50 mL 烧杯中，加入 30 mL 蒸馏水配成溶液（若溶液浑浊则需过滤）。取一个干燥的 100 mL 锥形瓶，用移液管分别移入 25.00 mL 蔗糖溶液和 25.00 mL HCl 溶液，当 HCl 溶液滴入蔗糖溶液一半时记下反应开始的时间。快速晃动锥形瓶使溶液混合均匀，用少量混合溶液荡洗旋光管，然后装满旋光管，盖好擦干，在旋光仪中测定旋光度值 α_t（第一个数值要求在反应起始时间 1～2 min 内测定）。测定时要迅速准确，将三分视野暗度调节相同后，先记下时间，然后读取旋光度值。在反应开始的 30 min 内，每 2 min 测量一次。反应速率变慢后，每 5 min 测量一次，继续测量半小时以上，结束测量时旋光度值应为负值。

4. 测完全反应时的旋光度 α_∞

将含有剩余混合液的密封锥形瓶置于 55 ℃水浴中加热 30 min 以上，使其中蔗糖完全反应。将反应液放入室温冷却，置于旋光管中测定其旋光度，即为 α_∞ 值。

5. 结束整理

关闭旋光仪。将旋光管、玻璃仪器中的反应溶液倒去，洗净，置于烘箱中烘干备用。

【注意事项】

1. 向旋光管装入反应液后，将玻璃片顺着液面滑入可避免大气泡产生，另外旋光管盖旋至不漏液体即可，不要用力过猛，以免压碎玻璃片。

2. 在测定 α_∞ 时，加热温度不宜超过 60 ℃。

3. 由于酸对仪器有腐蚀，操作时应用吸水纸或抹布擦净反应液，避免其滴漏在仪器上。

4. 实验结束后需将旋光管洗净，以避免残留的蔗糖溶液粘住玻璃盖，导致下次实验打不开。

【数据处理】

1. 将实验数据记录于下表。

温度：________　　盐酸浓度：________　　α_∞：________

t/min	α_t	$\alpha_t-\alpha_\infty$	$\ln(\alpha_t-\alpha_\infty)$

续表

t/min	α_t	$\alpha_t-\alpha_\infty$	$\ln(\alpha_t-\alpha_\infty)$

2. 以 $\ln(\alpha_t-\alpha_\infty)$ 对 t 作图，由所得直线的斜率求出反应的速率常数 k。

3. 计算蔗糖转化反应的半衰期 $t_{1/2}$。

【思考与讨论】

1. 蔗糖水解速率与哪些因素有关？

2. 如何判断某一旋光物质是左旋还是右旋？

3. 为什么配蔗糖溶液可以用粗天平称量？

4. 已知蔗糖 20 ℃时的比旋光度为 66.6°，旋光管长度为 2 dm，试估算所配制的蔗糖和盐酸混合溶液的最初旋光度为多少？

附：旋光仪简介

1. 旋光仪的结构原理

测定旋光度的仪器叫旋光仪，物理化学实验中常用 WXG-4 型旋光仪（结构如图 3-3）测定旋光物质旋光度的大小，从而定量测定旋光物质的浓度，其光学系统见图 3-4。

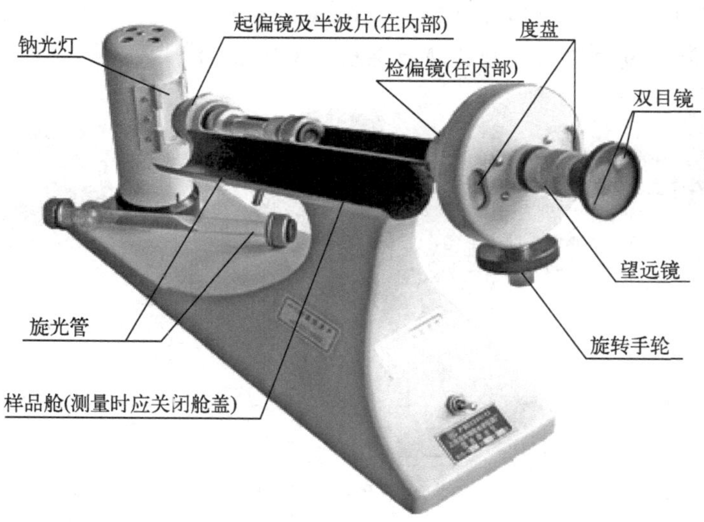

图 3-3　旋光仪结构图

旋光仪主要由起偏器和检偏器两部分构成。起偏器由尼科尔棱镜构成，固定在仪器的前端，用来产生偏振光。检偏器也是由一块尼科尔棱镜组成的，由偏振片固定在两保护玻璃之间，并随度盘同轴转动，用来测量偏振面的转动角度。

旋光仪就是利用检偏镜来测定旋光度的。如调节检偏镜使其透光的轴向角度与起偏镜的透光轴向角度互相垂直，则在检偏镜前观察到的视场呈黑暗，然后在起偏镜与检偏镜之间放入一个盛满旋光物的样品管，则由于物质的旋光作用，使原来由起偏镜出来的偏振光

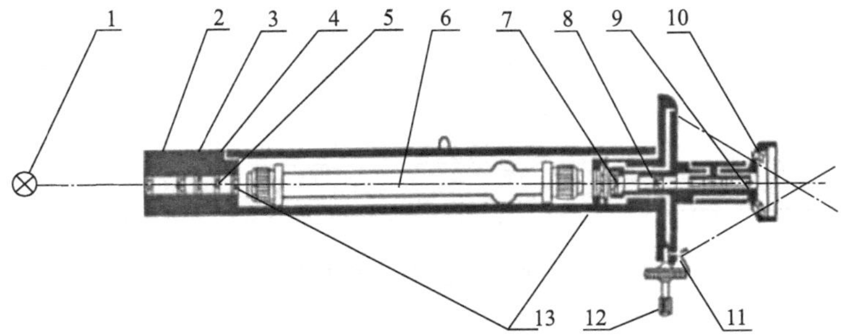

图 3-4　旋光仪光学系统图

1—光源（钠光）；2—聚光镜；3—滤色镜；4—起偏镜；5—半波片；6—旋光管；7—检偏镜；8—物镜；9—目镜；10—放大镜；11—度盘，游标；12—度盘转动手轮；13—保护片

转过了一个角度 α，这样视物不呈黑暗，必须将检偏镜也相应地转过一个 α 角度，视野才能重新恢复黑暗。因此检偏镜由第一次黑暗到第二次黑暗的角度差，即为被测物质的旋光度。

如果没有比较，要判断视场的黑暗程度是困难的，为此设计了三分视野法，以提高测量准确度。如图 3-4 所示，当光线从钠光源（1）投射到聚光镜（2）、滤色镜（3）、起偏镜（4）后，变成平面直线偏振光，再经半波片（5）分解成寻常光与非常光后，视场中出现了三分视界。当在旋光管（6）内盛入旋光物质的溶液后，由于溶液具有旋光性，故把平面偏振光旋转了一个角度，通过检偏镜（7）起分析作用，从目镜（9）观察，就能看到中间亮（或暗）左右暗（或亮）的照度不等三分视场［见图 3-5(a) 或 (b)］，转动度盘手轮（12），带动度盘（11）、检偏镜（7），可见视场照度（暗视场）相一致［见图 3-5(c)］时为止，然后从放大镜中读出度盘旋转的角度（见图 3-6）。

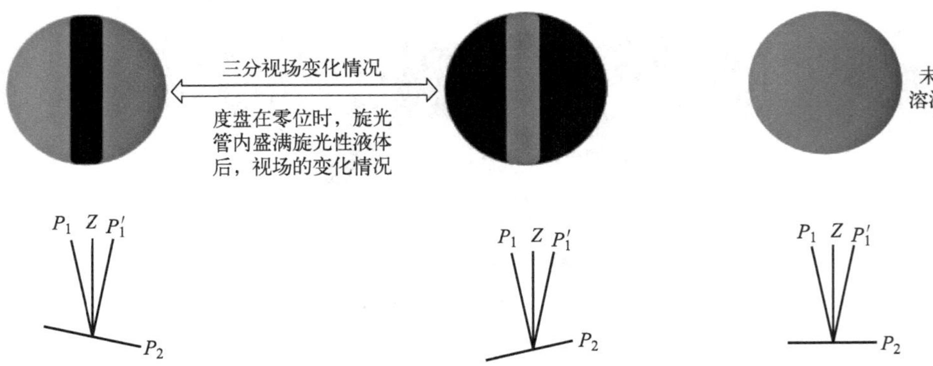

(a) 大于(或小于)零度的视场　　(b) 小于(或大于)零度的视场　　(c) 零度视场

图 3-5　旋光仪三分视场图

2. 旋光仪的读数

为便于操作，仪器的光学系统以倾斜 20°安装在基座上。光源采用 20 W 钠光灯（波长为 589.44 m)。钠光灯的限流器安装在基座底部，无需外接限流器。仪器的偏振器均为聚乙烯醇人造偏振片。三分视场是采用劳伦特石英板装置（半波片）转动起偏镜可调整三分视场的影阴角（本仪器出厂时调整在 3.5°左右)。仪器采用双游标读数，以消除度盘偏心差。度盘分 360 格、每格 1°，游标分 20 格，等于度盘 19 格、用游标直接读数到 0.05°

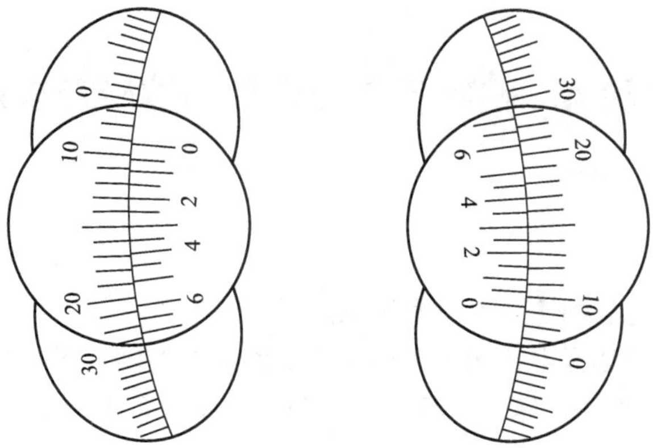

图 3-6 旋光仪两侧度盘的读数（9.30°）

（如图 3-6）。度盘和检偏镜固定一体，借度盘转动手轮（12）能作粗、细转动。游标窗前方装有两块 4 倍的放大镜，供读数时用。

3. 旋光仪测试前的准备工作

① 先把预测溶液配好，并加以稳定和沉淀。

② 把预测溶液盛入旋光管待测。但应注意管两端螺旋不能旋得太紧（一般以随手旋紧不漏水为止），以免护玻片产生应力面引起视场亮度发生变化，影响测定准确度，并将两端残液擦拭干净。

③ 接通电源，约点燃 10 min，待完全发出钠黄光后，才可观察使用。

④ 检验度盘零度位置是否正确，如不正确，可旋松度盘盖的 4 个连接螺钉、转动度盘壳进行校正（只能校正 0.5°以下），或把误差值在测量过程中加减之。

4. 旋光仪的测试步骤

① 打开镜盖，把旋光管放入镜筒中测定，并应把镜盖盖上和旋光管有圆泡一端朝上，以便把气泡存入，不致影响观察和测定；

② 调节视度螺旋至视场中三分视界清晰时止；

③ 转动度盘手轮，至视场照度相一致（暗视场）时止；

④ 从放大镜中读出度盘所旋转的角度；利用前述公式，求出物质的密度、浓度、纯度与含量。

5. 旋光仪的保养事项

① 仪器应放在空气流通和温度适宜的地方，并不宜低放，以免光学零部件、偏振片受潮发霉及性能衰退。

② 钠光灯管使用时间不宜超过 4 h，长时间使用应用电风扇吹风或关熄 10～15 min，待冷却后再使用。灯管如遇只发红光不能发黄光时，往往是由输入电压过低（不到 220 V）所致，这时应设法升高电压到 220 V 左右。

③ 旋光管使用后，应及时用水冲洗干净，揩干藏好。

④ 镜片不能用不洁或硬质布、纸去揩，以免镜片表面产生划痕等。

⑤ 仪器不用时，应将仪器放入箱内或用塑料罩罩上，以防灰尘侵入。

⑥ 仪器、钠光灯管、旋光管等装箱时，应按规定位置放置，以免压碎。

⑦ 若装校方法不懂，切勿随便拆动，以免由于不懂校正方法而无法装校好。遇有故障或损坏，应及时送制造厂或修理厂整修，以保持仪器的使用寿命和测定准确度。

实验 4　碘离子选择电极的性能及应用

【实验目的】

1. 理解离子选择电极的主要性质和测量原理。

2. 学会应用碘离子选择电极测定未知碘离子溶液中的碘离子含量。

3. 理解 Gran 氏作图法的基本原理，学会利用半反对数坐标纸作图，计算未知碘离子溶液中碘离子的浓度。

【实验原理】

离子选择电极是一种以电势响应为基础的电化学敏感元件。将电极插入含有待测离子的溶液中时，在膜-液界面上产生一个特定的电势响应值。电势响应值与离子活度间的关系可用能斯特方程来描述。若以本实验所采用的碘离子电极为例，用甘汞电极作参比电极，则所组成电池的电动势可表达如下：

$$E = E_0 - \frac{RT}{F}\ln a_{I^-} \tag{4-1}$$

已知 γ 是活度系数，故 $a_{I^-}=\gamma c_{I^-}$。在实验工作中，通常采用固定离子强度（如本实验的溶液中均含有 0.1 mol·L^{-1} 的 KNO_3）的测试方法，此时 γ 可视为保持定值，上式可改写成

$$E = E'_0 - \frac{RT}{F}\ln c_{I^-} \tag{4-2}$$

在实际工作中，分别测定不同浓度 c_{I^-} 的碘离子溶液的电动势 E_i，作出 E_i-$-\lg c_{I^-}$ 图，在一定浓度范围内，可得一直线，这一段直线为电极的响应范围。

应用离子选择电极可以测定溶液中特定离子的浓度。本实验使用 Gran 氏作图法用碘离子选择电极测定未知碘离子溶液的浓度。

由于 $E = E'_0 - \frac{RT}{F}\ln c_{I^-} = E'_0 - K\ln c_{I^-}$，所以将此式改写为：

$$\lg^{-1}\left(\frac{E}{K}\right) = \lg^{-1}\left(\frac{E'_0}{K}\right)c_{I^-} \tag{4-3}$$

令常数 $\lg^{-1}\left(\frac{E'_0}{K}\right)=k$，所以有：

$$\lg^{-1}\left(\frac{E}{K}\right) = kc_{I^-} \tag{4-4}$$

如果在一定体积的浓度为 c_x 的待测溶液中，控制溶液活度系数和溶液体积不变的情况下，分别加入已知量的少量待测离子，并测定溶液的电动势 E，则 E 与浓度的关系为：

$$\lg^{-1}\left(\frac{E_i}{K}\right) = k(c_x + c_{加入})_{I^-} = k\left(\frac{m_x + m_{加入i}}{V}\right)_{I^-} \tag{4-5}$$

因 $km_{x_{I^-}}$、V 是定值，所以以测得的电动势的反对数值对加入的碘离子的量作图可得

一条直线。由该直线外推至与横坐标相交，即可求得被测离子的浓度（图 4-1）。为校正所用试剂空白值（本实验所用的水及试剂中可能含有被测碘离子）以及电极斜率偏离作图纸，可作一试剂空白，空白溶液的直线与待测溶液的直线平行。若试剂及水中含有被测离子，则空白溶液所得直线不通过原点，若电极斜率偏离作图纸，空白溶液的直线也不会通过原点。空白溶液的直线截距可用来校正被测离子的浓度，即用待测溶液的直线斜率减去空白溶液的直线斜率。

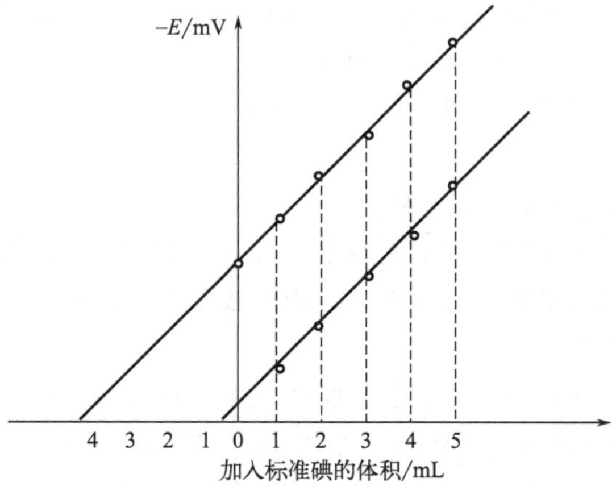

图 4-1　电动势的反对数值与加入碘离子的量的关系图

【实验仪器与药品】

仪器：PHS-3C 型酸度仪、碘离子选择电极、甘汞电极、电磁搅拌器、容量瓶、烧杯。

药品：碘化钾、硝酸钾、蒸馏水、0.1 mol·L^{-1} 碘化钾溶液、5 mg·mL^{-1} 碘标准溶液、1 mol·L^{-1} 硝酸钾溶液、未知碘溶液。

【实验装置】

实验装置见图 4-2 和图 4-3。

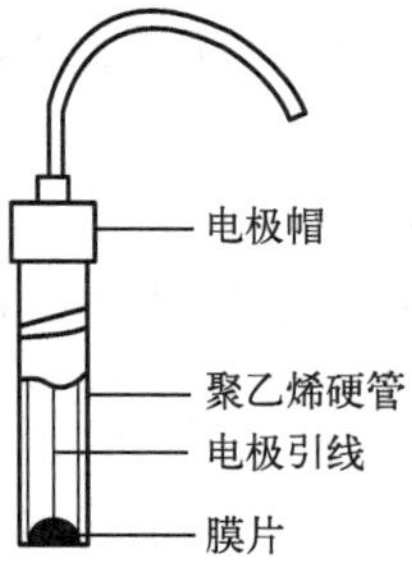

图 4-2　离子选择电极构造

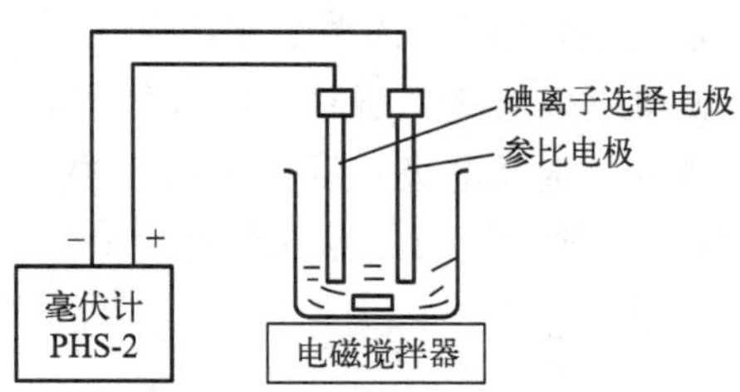

图 4-3　碘离子测量装置图

【实验步骤】

1. 仪器安装

按图 4-3 装好仪器。附近环境应无浓盐酸等酸雾，也无强烈电磁场干扰。

2. 预备碘离子选择电极

碘离子选择电极在 10^{-3} mol·L^{-1} 的 KI 溶液中活化 1 h 以上，再用蒸馏水浸洗。以碘离子选择电极为负极，甘汞电极为正极，浸入蒸馏水中组成原电池。打开酸度仪开关，仪器选择开关置于“mV”挡，将碘离子选择电极和甘汞电极分别接入仪器对应接口。打开电磁搅拌器开关，调节搅拌速度。用酸度仪测电动势为 80 mV 左右。

3. 配制 10^{-2} mol·L^{-1}、10^{-3} mol·L^{-1}、10^{-4} mol·L^{-1}、10^{-5} mol·L^{-1} 和 10^{-6} mol·L^{-1} 的碘标准溶液

用移液管取 10 mL 0.1 mol·L^{-1} 的 KI 标准溶液于 100 mL 容量瓶中，加入 10 mL 1 mol·L^{-1} 硝酸钾稀释至刻度，即为 10^{-2} mol·L^{-1} 碘标准溶液，然后取 10 mL 10^{-2} mol·L^{-1} 碘标准溶液于 100 mL 容量瓶中，加入 10 mL 硝酸钾稀释至刻度，即为 10^{-3} mol·L^{-1} 碘标准溶液。同理可配制 10^{-4} mol·L^{-1}、10^{-5} mol·L^{-1} 和 10^{-6} mol·L^{-1} 的碘标准溶液。

4. 测定碘离子选择电极的校正曲线

取上述已配好的标准碘离子溶液，分别置于 50 mL 已烘干的烧杯中，加入一搅拌子，置于电磁搅拌器上，用碘离子选择电极和甘汞电极组成原电池，分别测定各溶液的电动势。

5. 测定未知碘离子溶液的浓度

取 10 mL 未知碘溶液于 100 mL 容量瓶中，加入 10 mL 1 mol·L^{-1} 硝酸钾，用蒸馏水稀释至刻度，摇匀，将溶液全部倒入一个烘干的 150 mL 烧杯中，用上述同样方法测定溶液的电动势。依次测定加入 1 mL、2 mL、3 mL、4 mL、5 mL（每次加 1 mL，共加 5 次）5 mg·mL^{-1} 碘标准溶液后的电动势。

取 10 mL 1 mol·L^{-1} 硝酸钾于 100 mL 容量瓶中，用蒸馏水稀释至刻度，摇匀，将溶液全部倒入一烘干的 150 mL 烧杯中，用上述同样方法测定溶液的电动势。依次测定加入 1 mL、2 mL、3 mL、4 mL、5 mL（每次加 1 mL，共加 5 次）5 mg·mL^{-1} 碘标准溶液后的电动势。

6. 实验结束

回收试剂，关闭仪器电源，清洗仪器，整理桌面。

【注意事项】

1. 每测完一份溶液后均需用蒸馏水润洗电极，用滤纸轻轻吸干后再使用。实验完毕后将碘离子选择电极浸入蒸馏水中保存。

2. 玻璃电极与 217 型甘汞电极使用后及时归还，避免碰坏。

3. 碘离子选择电极宜浸在蒸馏水中，长期不用可洗净干放，但再使用前需用蒸馏水充分浸泡，必要时可重新抛光膜片表面。

【数据处理】

1. 以 E 对 $\lg c$ 作图，绘制工作曲线。

2. 计算未知溶液中碘离子的浓度。

【思考与讨论】

1. 如何确定碘离子选择电极的测量范围？被测溶液碘离子浓度过低或过高对测量结果有何影响？

2. 为什么要用 Gran 氏作图法来测量碘离子浓度？

实验 5　BET 法测定固体的比表面积

【实验目的】

1. 了解测量固体比表面积的意义。
2. 了解 BET 法测定固体比表面积的基本原理。
3. 掌握比表面测定仪的工作原理和相关测定软件的操作。

【实验原理】

比表面积是指单位质量物料所具有的总面积，分外表面积和内表面积两类。通常用 S_g 表示，单位为 m^2/g。理想的非孔性物料只具有外表面积，如硅酸盐水泥、一些黏土矿物粉粒等；而有孔和多孔物料，如石棉纤维、岩（矿）棉、硅藻土等，不仅具有外表面积而且具有丰富的内表面积。比表面积是评价催化剂、吸附剂及多孔物质工业利用的重要指标之一，一般比表面积大、活性大的多孔物料吸附能力强。一般采用气体吸附法（图 5-1）测量固体物质的比表面积。气体吸附法用气体分子作为“量具”或“探针”，来计量固体的比表面积以及孔的状况，是一个很巧妙、很科学的方法。根据吸附气体（一般为氮气）作用于待测固体的方式不同，主要分连续流动法（即动态法）和静态容量法。

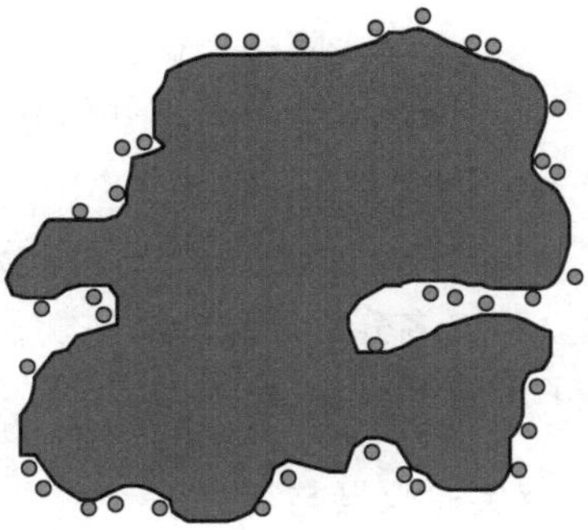

图 5-1　气体吸附法测量比表面积

静态容量法是将待测样品装在一定体积的封闭样品管内，向样品管内注入一定压力的吸附气体，根据吸附前后的压力变化来确定被测样品对吸附气体的吸附量。

动态法是将待测样品装在 U 形样品管内，使含有一定比例吸附气体的混合气体流过样品，根据吸附前后气体浓度变化来确定被测样品对吸附气体的吸附量。动态法比较适合快速测试比表面积和中小吸附量的小比表面积样品。

由吸附量来计算比表面积的理论很多，如朗缪尔吸附理论、BET 吸附理论、统计吸附层厚度法吸附理论等。其中 BET 吸附理论与实际吸附过程更接近，所以被广泛应用于比表面测试。

BET 吸附理论的基本假设是：吸附气体与固体之间的作用力是范德瓦耳斯力，而吸附气体分子之间的作用力也是范德瓦耳斯力。所以，当气体分子被吸附在固体表面之后，它们还可能从气相中吸附其他同类分子，由此可知，吸附是多层的，第二层及以后各层分子的吸附热等于气体的液化热，气体的吸附平衡是动态平衡。根据此假设推导的 BET 方程式如下：

$$\frac{p}{V(p_0-p)}=\frac{1}{V_m C}+\frac{C-1}{V_m C}\times\frac{p}{p_0} \tag{5-1}$$

式中　p——吸附平衡时吸附气体的压力；

p_0——吸附温度下吸附气体的饱和蒸气压；

V——吸附平衡时的吸附量，mL；

V_m——单分子层饱和吸附量；

C——BET 方程常数，其值与温度、吸附热和液化热有关。

通常实验可测 p 和 V，根据 BET 方程，以 $\frac{p}{V(p_0-p)}$ 对 $\frac{p}{p_0}$ 作图可得一直线，其斜率为 $\frac{C-1}{V_m C}$，截距为 $\frac{1}{V_m C}$，由斜率和截距数据可求出 V_m。若知道一个吸附气体分子的截面积，则可根据式(5-2) 求出固体的比表面积。

$$S_g=\frac{V_m^{\ominus}}{22400W}\times L\times\sigma \tag{5-2}$$

式中 $V_m^{\ominus}$——标准状况下气体的饱和吸附量，mL；

22400——标准状况下 1 mol 气体的体积，mL；

W——气体的饱和吸附量，g；

L——阿伏伽德罗常数；

σ——一个吸附气体分子的截面积，本实验以氮气为吸附气体，在 78 K 时其截面积取 $16.2\times10^{-20}\,m^2$。

BET 公式的适用范围为：$p/p_0=0.05\sim0.35$。这是因为比压小于 0.05 时，压力太小建立不起多分子层吸附的平衡；在比压大于 0.35 时，由于毛细管凝聚变得显著，因而破坏了吸附平衡。

【实验仪器与药品】

仪器：比表面测定仪。

药品：微球硅胶、高纯氮气、液氮。

【实验装置】

比表面测定仪如图 5-2 所示。

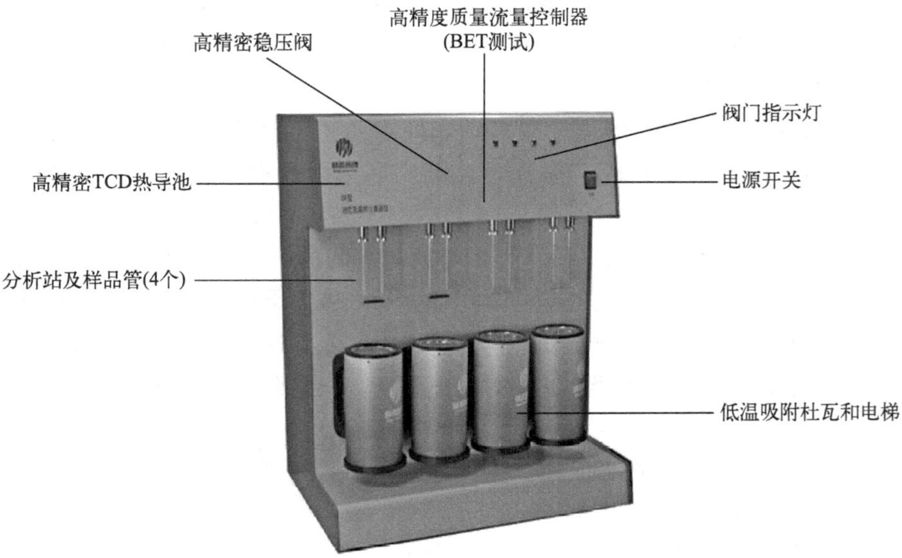

图 5-2 比表面测定仪

【实验步骤】

1. 称量样品

① 在分析天平上准确称量空样品管，记录质量数据 W_1；

② 称取约 0.2～0.3 g 的微球硅胶加入空样品管中，准确称取其质量，记录质量数据 W_2；

③ 连续称取 4 支样品管，准确记录每组数据，待用。

2. 脱气处理

① 将样品管安装到预处理机上，如图 5-3 所示；

② 在温控上设置温度 150 ℃，开始脱气；

③ 结束脱气后，将样品管取下重新称重并记录。

3. 通气

① 开启钢瓶时，先开主阀，后开分阀。

② 确认气瓶的出口压力为 0.2～0.3 MPa，不能超过 0.3 MPa。

4. 样品分析

① 打开动态比表面仪，将样品管安装在分析站上（图 5-4）。

(a) (b)

图 5-3 样品管（a）和预处理机（b）

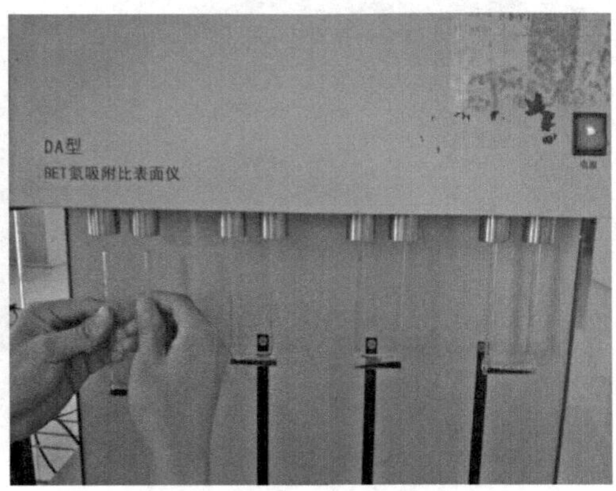

图 5-4 将样品管安装在分析站上

② 准备杜瓦瓶（图 5-5），小心倒入液氮，离杯顶端 8～10 mm，将杜瓦瓶平稳放置于电梯托盘之上。

③ 设置分析参数（图 5-6）。以 BET 多点法为例，选择多点 BET，选择样品数量 4，输入标定气体体积（为仪器常用参数，可在仪器说明书上查到），输入样品信息、测试信息，选择放大倍数（3～5 个点），选择存储路径。

④ 测试样品（图 5-7）。点击窗口中“吸附”图标，这时会弹出对话框，点击“确定”，自动开始实验，进行分析。

分析结束，将由分析站得到的峰面积在软件中进行数据处理，得到比表面积。保存数据，打印报告（图 5-8）。

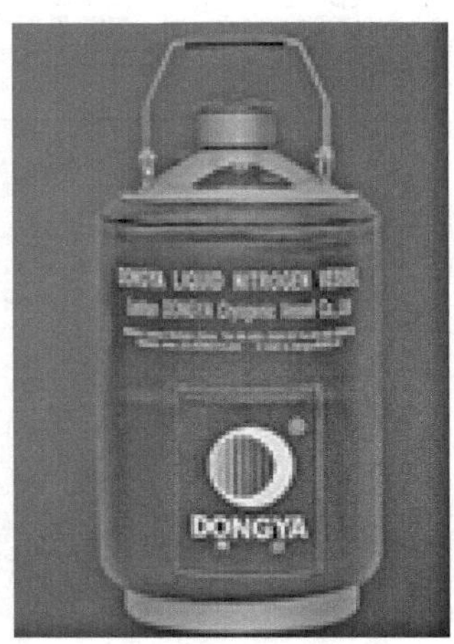

图 5-5 杜瓦瓶

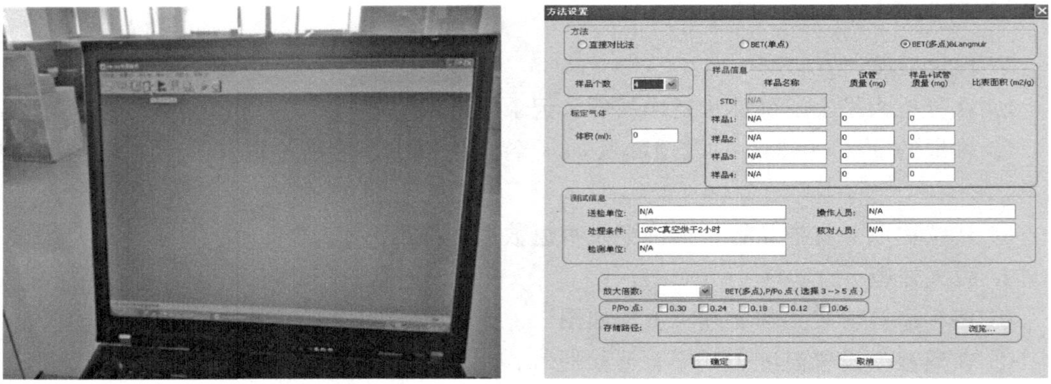

图 5-6　分析参数的设置

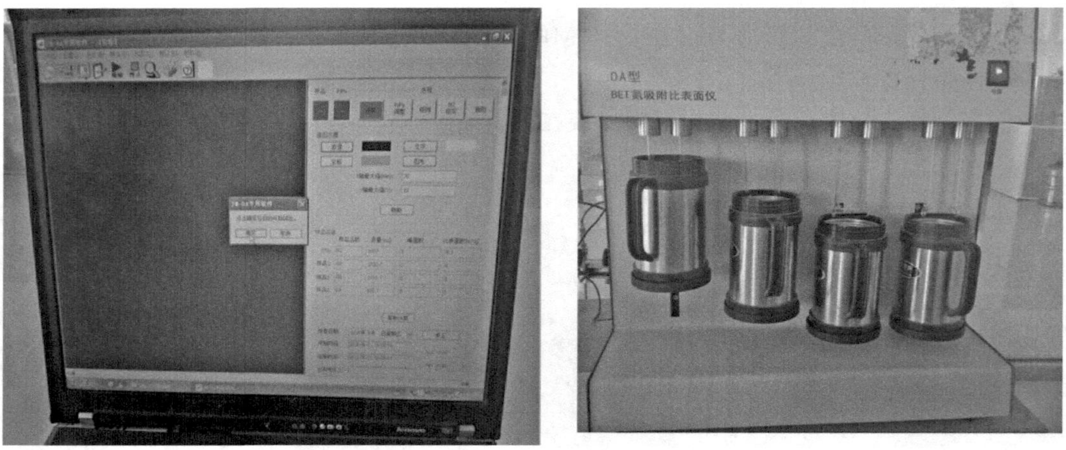

图 5-7　测试样品

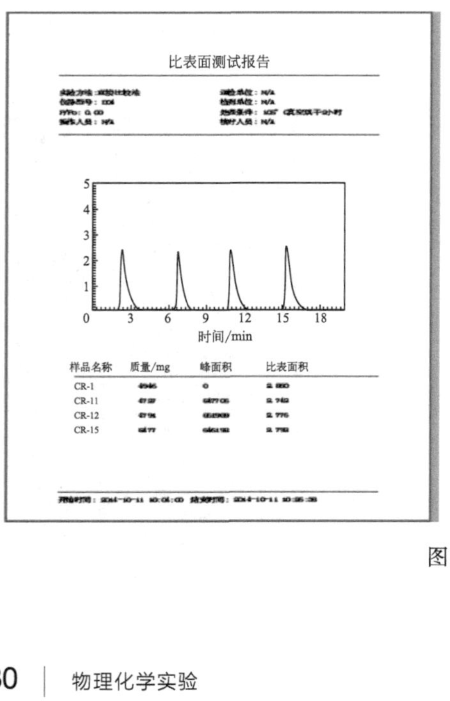

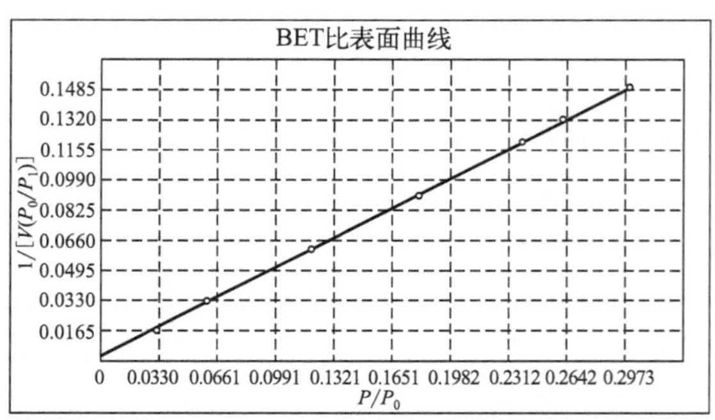

斜率	截距	V_m/mL	C	线性度
0.48566	0.00339	2.04479	144.13991	0.99988

比表面积/(m^2/g)	8.91528

图 5-8　数据报告

5. 实验结束

关闭仪器、电脑，关闭气瓶，先关主阀，后关分阀（注意：一定要最后关气）。

【注意事项】

1. 脱气前注意检查洁净度。特别是加热槽，不能有铁屑，易燃、易爆物，液体等危险品在加热槽内。

2. 用手拿样品管时，应该戴上手套，防止手上的汗液污染样品管外壁，影响称量。

3. 脱气结束后，不要立即取下样品管，一定要等样品管冷却下来和压力恢复到常压后再取下样品管。

4. 在向杜瓦瓶中倾倒液氮时，要缓慢加注，防止瓶体因为温度剧变爆裂。

5. 移取液氮容器时要戴好防护手套、眼镜，穿实验服、皮鞋。不要裸露皮肤，防止被液氮溅到冻伤。

【数据处理】

分析结束后，将由分析站得到的峰面积在软件中进行数据处理，得到比表面积。保存数据，打印报告。

【思考与讨论】

1. 物理吸附和化学吸附的区别是什么？
2. 为什么要脱气？
3. 单点法、多点法的区别是什么？

实验 6　电动势的测定及其应用

【实验目的】

1. 测定铜-锌电池、铜-甘汞电池、锌-甘汞电池的电动势。
2. 学会使用电位差计。
3. 学会电极的制备和处理方法。
4. 学习盐桥的制备。
5. 用电动势法测定溶液的 pH 值。

【实验原理】

可逆电池的电动势可看作正、负两个电极的电势之差。设正极电势为 φ_+，负极电势为 φ_-，则电池电动势 E 为：

$$E=\varphi_+-\varphi_- \tag{6-1}$$

电极电势的绝对值无法测定，手册上所列的电极电势均为相对电极电势，即以标准氢电极（其电极电势规定为零）为标准，与待测电极组成电池，所测电池电动势就是待测电极的电极电势。由于氢电极使用不便，常用另外一些易制备、电极电势稳定的电极作为参比电极，如：甘汞电极、银-氯化银电极等。本实验中用的参比电极为饱和甘汞电极，如图 6-1 所示。

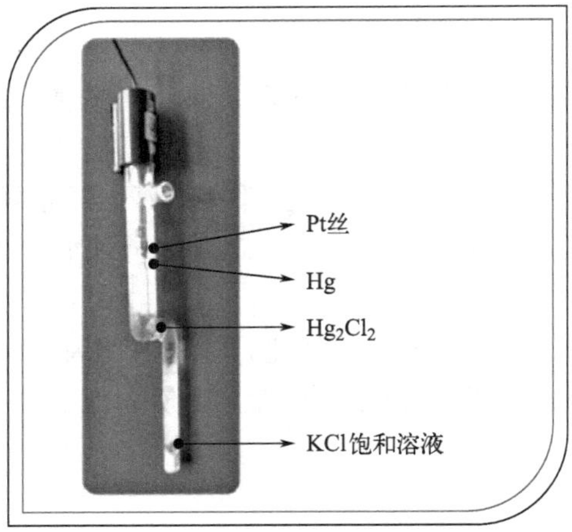

图 6-1 饱和甘汞电极

本实验分别将铜电极、锌电极、饱和甘汞电极两两组成电池，用电位差计分别测定电池的电动势。如铜-甘汞电池表示为：

$$Hg(l)\text{-}Hg_2Cl_2(s)\,|\,KCl(\text{饱和溶液})\,\|\,Cu^{2+}(a_{\pm})\,|\,Cu(s) \tag{6-2}$$

铜电极（正极）的反应为： $Cu^{2+}+2e^{-}\longrightarrow Cu$

甘汞电极（负极）的反应为： $2Hg+2Cl^{-}\longrightarrow Hg_2Cl_2+2e^{-}$

该电池电动势为：

$$E=\varphi_{+}-\varphi_{-}=\varphi^{\phi}_{Cu^{2+},Cu}+\frac{RT}{2F}\ln a(Cu^{2+})-\varphi(\text{饱和甘汞}) \tag{6-3}$$

式中，φ(饱和甘汞)$=0.24240-7.6\times10^{-4}(t-25)$($t$ 单位为℃)；$a(Cu^{2+})$ 为电解质溶液中 Cu^{2+} 的活度，$a(Cu^{2+})=\gamma_{\pm}(Cu^{2+})m(Cu^{2+})$，其中 $\gamma_{\pm}(Cu^{2+})=0.16$，$\gamma_{\pm}(Zn^{2+})=0.15$，$m(Cu^{2+})$ 是电解质溶液中 Cu^{2+} 的质量摩尔浓度。

电池电动势的测量工作必须在电池处于可逆条件下进行，即允许通过电池的电流为无限小。通常利用对消法（又称补偿法）测量电池的电动势，其原理是用一个数值相等但方向相反的电势差对抗待测电池的电动势，使电路中无电流通过，具体原理如图 6-2 所示。

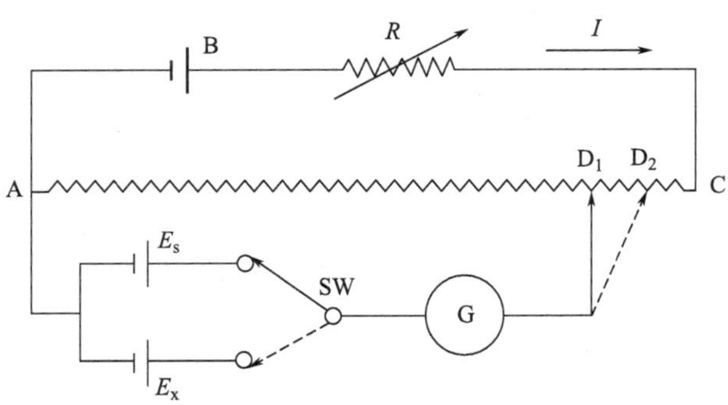

图 6-2 对消法测电池电动势原理

在图 6-2 中，AC 为均匀电阻，B 为工作电池，它在 AC 上产生均匀电位降，用来对消待测的电池电动势或标准电池电动势。E_x 为待测电池电动势，E_s 为标准电池电动势（校准用）。测定时，首先把换向开关 SW 拨向 E_s，调节滑线电阻 AD_1，使检流计中无电流通过，因 AC 为均匀电阻，所以有 $AD_1 \propto E_s$；然后把开关 SW 拨向 E_x，调节滑线电阻 AD_2，使检流计中无电流通过，同样有 $AD_2 \propto E_x$，将两式相除，可得 E_x。根据对消法原理设计的测量电池电动势的仪器为电位差计，其面板如图 6-3 所示。

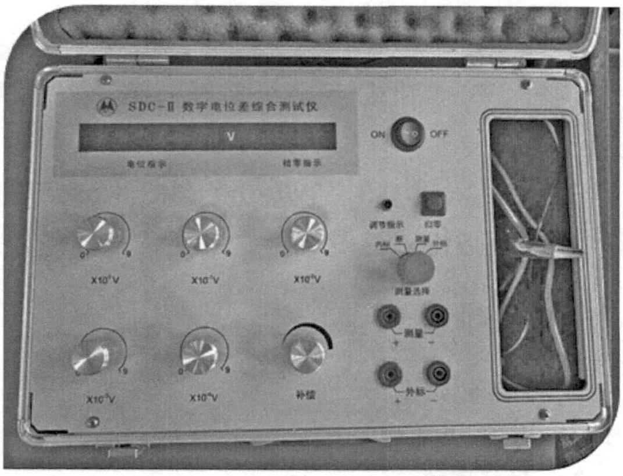

图 6-3　电位差计面板

在电动势的测量中，常用正负离子迁移数比较接近的盐类构成“盐桥”来消除液接电位。常用的盐桥溶液有 KCl、KNO_3、NH_4NO_3 等饱和溶液。

电动势法可以用来测量溶液的 pH 值，其原理是将一个与氢离子活度有关的指示电极与另一个参比电极构成电池，然后测量该电池的电动势。由于参比电极电位恒定，该电池电动势就只与被测溶液中氢离子活度有关，于是根据所得电动势值可以求算溶液的 pH 值。常用的氢离子指示电极有氢电极、玻璃电极和醌氢醌电极。本实验使用醌氢醌电极为指示电极。

醌氢醌($Q \cdot H_2Q$) 是醌(Q) 与氢醌(H_2Q) 的等分子复合物。醌氢醌在水溶液中依式(6-4) 部分解离：

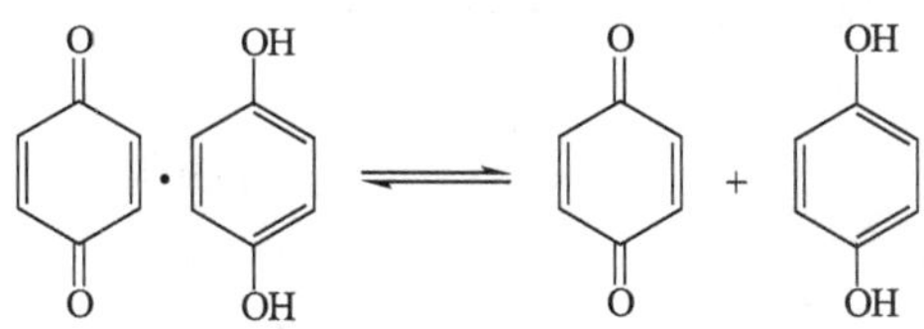

$Q \cdot H_2Q$　　　Q　　　H_2Q　　(6-4)

在水溶液中醌氢醌的溶解度极小，解离度也很小，因此醌与氢醌的活度可认为相等。将少量醌氢醌放入含有氢离子的待测溶液中，并使其达到饱和，然后插入 Pt 电极就成为一支醌氢醌电极。在电极上发生下列氧化还原反应：

$$Q+2H^{+}+2e^{-} \longrightarrow H_2Q \tag{6-5}$$

其电极电势可表示为：

$$\varphi_{醌氢醌}=\varphi^{\ominus}_{醌氢醌}-\frac{RT}{2F}\ln\frac{a_{氢醌}}{(a_{H^+})^2 a_{醌}}=\varphi^{\ominus}_{醌氢醌}-\frac{RT}{F}\ln\frac{1}{a_{H^+}}$$

$$=\varphi^{\ominus}_{醌氢醌}-\frac{2.303RT}{F}pH \tag{6-6}$$

醌氢醌电极的标准电极电势与温度的关系为：

$$\varphi^{\ominus}_{醌氢醌}/V=0.6994-0.00074(T/K-298) \tag{6-7}$$

若以醌氢醌电极为指示电极，甘汞电极为参比电极组成电池，用电位差计测定电池电动势，就可以求得待测溶液的 pH 值。

【实验仪器与药品】

仪器：SDC-Ⅱ数字电位差计、锌棒、铜棒、饱和甘汞电极、电流表、蓄电池、滑线变阻器。

药品：$CuSO_4$（0.1000 mol·kg^{-1}）、$ZnSO_4$（0.100 mol·kg^{-1}）、KCl 饱和溶液、镀铜溶液、琼脂粉、待测 pH 值溶液、饱和硝酸亚汞溶液。

【实验装置】

实验装置如图 6-4 所示。

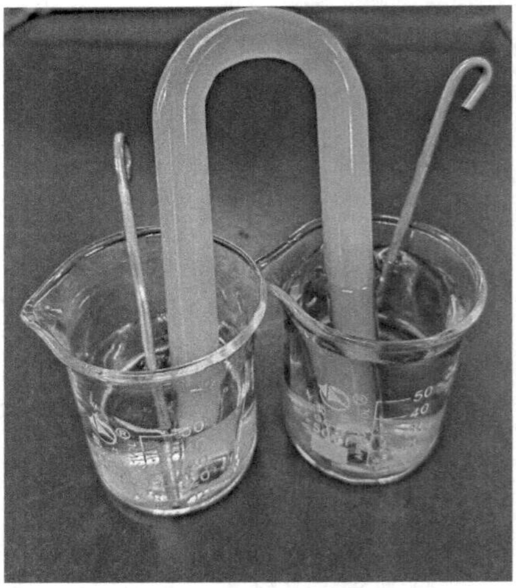

图 6-4　Zn-Cu 电池装置图

【实验步骤】

1. 电极制备

将锌棒用砂纸打磨，除去表面上的氧化层后用水洗涤。然后将电极浸入饱和硝酸亚汞溶液中约 5 s，使电极表面上形成一层光亮均匀的锌汞齐，用蒸馏水淋洗后用滤纸擦干，插入 0.1 mol·kg^{-1} 的 $ZnSO_4$ 溶液中待用。

将两根铜棒打磨除去氧化铜和杂质，用水洗涤，把其中一根作为阳极，另一根作为阴极放入镀铜液中进行电镀，其装置如图 6-5 所示。电流控制在 20 mA 左右，电镀约 20 min，取出阴极后用水淋洗，再用滤纸擦干，放入盛有 0.1 mol·kg^{-1} 的 $CuSO_4$ 溶液中备用。

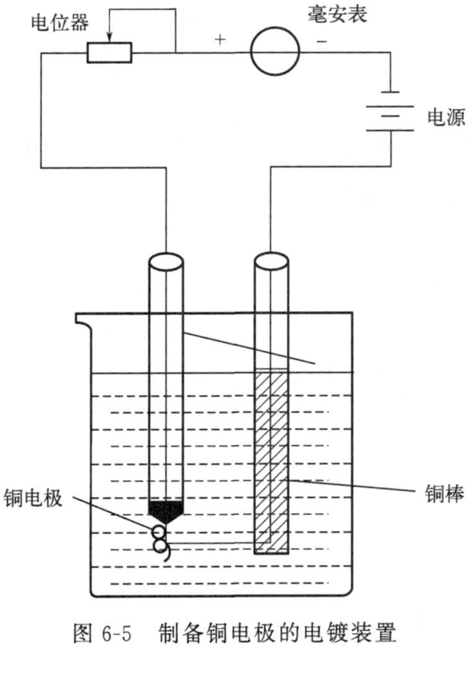

图 6-5　制备铜电极的电镀装置

2. 盐桥的制备

在烧杯中加入 100 mL 饱和 KCl 溶液和 1.5 g 琼脂，用小火加热至近沸，继续加热至琼脂完全溶解。趁热用滴管将它灌入干净的 U 形管中，中间不能有气泡，静置待琼脂凝固后便可使用。制备好的盐桥不使用时应浸入饱和 KCl 溶液中，防止盐桥干涸。

3. 组装并测量电池的电动势

按图 6-4 所示组装好下列 3 组电池，用电位差计测电池的电动势。

电池 1：Zn|$ZnSO_4$（0.1 mol·kg^{-1}）‖ $CuSO_4$（0.1 mol·kg^{-1}）|Cu

电池 2：Zn|$ZnSO_4$（0.1 mol·kg^{-1}）‖ KCl（饱和）|Hg_2Cl_2|Hg

电池 3：Hg|Hg_2Cl_2|KCl（饱和）‖ $CuSO_4$（0.1 mol·kg^{-1}）|Cu

电位差计的使用步骤为：

① 打开电源开关（ON），预热 15 min。

② 内标校验采零：将“测量选择”旋钮置于“内标”，“$\times 10^0$ V”旋钮置于 1，“补差”旋钮逆时针旋到底，其他旋钮均置于“0”，此时“电位指示”显示“1 V”，按下“归零”键，此时“检零指示”应显示为“0000”。

③ 电池电动势测量：将待测电池按“+”“−”极性用测试线与“测量”插孔连接。将“测量选择”旋钮置于“测量”。从大到小依次调节电位旋钮，使“检零指示”接近零值，当“检零指示”为零时，“电位指示”的显示值即为电池电动势。

在使用电位差计测量电池电动势时，若“检零指示”始终出现“OUL”字样，可能是电池的正、负极接反了。如果没有接反，则有可能是调节值太小或太大，超出测量范围。只有当调节值与所测电池的电动势值比较接近时，“检零指示”才会出现数值。若“检零指示”出现正值，则表明调节值大了，应调小，直至“检零指示”为零，并稳定到基本不变时才能读数。

4. 未知溶液 pH 值的测定

取适量待测溶液于小烧杯中，加入少量醌氢醌粉末，均匀搅拌使之溶解，但仍保持溶液中含有少量固体，插入 Pt 电极作为正极，把甘汞电极插入装有饱和 KCl 溶液的烧杯中作为负极，在两个烧杯中架上盐桥，组成电池。用电位差计测量电池的电动势。

【注意事项】

1. 汞齐化时应注意汞蒸气有毒，用过的滤纸应放到带水的盆中，决不允许随便丢弃。
2. 连接电位差计测电池的电动势时，不要将正负极接错。
3. 电动势的测量方法属于平衡测量，因此测量前应初步估算被测电池的电动势大小，以便在测量时能迅速找到平衡点，避免所测电极极化。此外要尽可能使被测电池平稳，不受震动影响，测出的值才会稳定不变。

【数据处理】

1. 实验数据记录。

实验温度：________

电池	1	2	3	未知溶液电池
电动势/mV				

2. 计算电池 1、2、3 的电动势，与实验值比较并进行误差分析。
3. 根据实验测得的未知溶液电池电动势，计算未知溶液的 pH 值。

【思考与讨论】

1. 电位差计如何保护及正确使用？
2. 参比电极应具备什么条件？它有什么功用？
3. 盐桥有什么作用？选用作盐桥的物质应有什么原则？

实验 7　二元金属相图的绘制

【实验目的】

1. 了解热分析法的测量技术与有关测量温度的方法。
2. 学习用热分析法测绘锡-铋二元金属相图。
3. 了解固液相图的特点，进一步学习和巩固相律等有关知识。

【实验原理】

测绘金属相图常用的实验方法是热分析法，其原理是将一种金属或两种金属混合物熔融后，使之均匀冷却，每隔一定时间记录一次温度，表示温度与时间关系的曲线称为步冷曲线。当熔融体系在均匀冷却过程中无相变化时，其温度将连续均匀下降得到一条平滑的步冷曲线；当体系内发生相变时，因体系产生的相变热与自然冷却时体系放出的热量相抵消，步冷曲线就会出现转折或水平线段，转折点所对应的温度，即为该组成体系的相变温度。利用步冷曲线所得到的一系列组成和所对应的相变温度数据，以横轴表示混合物的组成，纵轴上标出开始出现相变的温度，把这些点连接起来，就可绘出相图。二元简单低共熔体系的步冷曲线具有图 7-1 所示的几种形状。

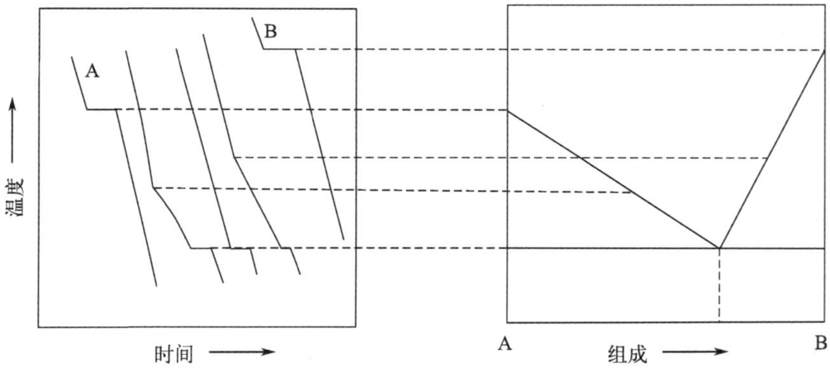

图 7-1　根据步冷曲线绘制相图

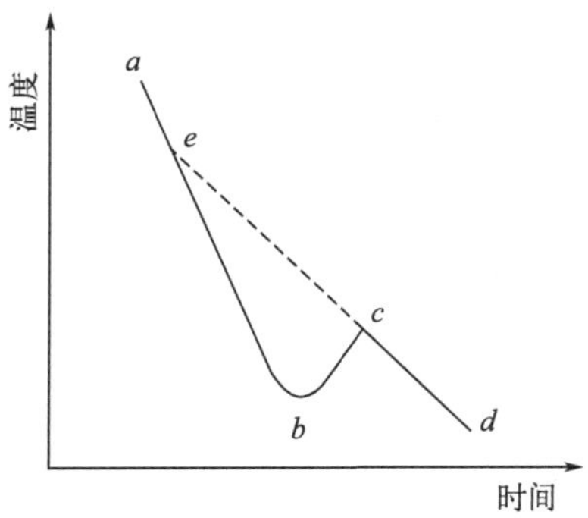

图 7-2　有过冷现象时的步冷曲线

用热分析法测绘相图时，被测体系必须时时处于或接近相平衡状态，因此必须保证冷却速度足够慢才能得到较好的效果。此外，在冷却过程中，一个新的固相出现以前，常常发生过冷现象，轻微过冷有利于测量相变温度，但严重过冷现象却会使转折点发生起伏，使相变温度的确定产生困难，如图 7-2 所示。遇此情况，可延长 dc 线与 ab 线相交，交点 e 即为转折点。

【实验仪器与药品】

仪器：KWL-09 可控升降温电炉 1 台、镍铬-镍硅热电偶 2 支、记录用计算机 1 台、SWKY-Ⅰ数字控温仪 1 台。

药品：锡铋混合样、纯锡样、纯铋样。

【实验装置】

可控升降温电炉见图 7-3。

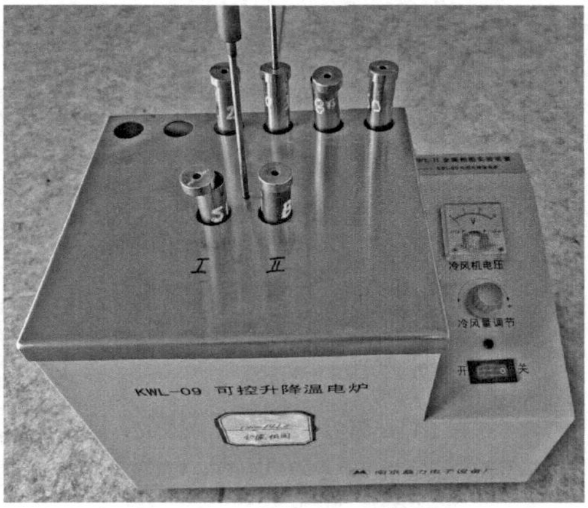

图 7-3 可控升降温电炉

【实验步骤】

1. 样品的配制

分别配制 Bi 含量（质量分数）为 0（纯锡）、20%、30%、60%、80%、100%的样品，并使样品总质量为 100 g，将样品分别放在加热炉样品摆放区，样品表面覆盖一层石墨粉，可以防止合金氧化（此步骤由实验教师课前完成）。

2. 测定样品的步冷曲线

将样品管放入加热炉中，将热电偶 1 插在控温区孔中以探测炉温，一次可同时加热两个样。打开加热器，在控温仪上设置加热温度为 300 ℃，不要超过 400 ℃。打开电脑中的金属相图数据处理软件，选择合适的通信接口，在记录界面输入学生信息和样品信息。

等样品加热熔化后，将热电偶 1 插入样品管中，并将控温仪调到置数。待样品温度不再上升后，在计算机上开始通信，记录步冷曲线。如果同时测定两个样则要在两个窗口都开始通信。在样品冷却过程中观察降温速率，当降温速率明显变小时可以记录转折点温度。当降温速率接近 0 时，可以确定此为平台温度。必须待平台点测完后方可停止采集数据。

将上述 6 个样品依次加热熔化，测定步冷曲线。

【注意事项】

1. 用电炉加热样品时，温度要适当，温度过高样品易氧化变质；温度过低或加热时间不够则样品没有完全熔化，步冷曲线转折点测不出。

2. 混合样体系一般有两个转折点，必须待第二个转折点测完后方可停止实验，否则须重新测定。

【数据处理】

1. 实验数据记录。

样品中 Bi 质量分数/%	0(纯锡)	20	30	60	80	100
转折点温度/℃						
平台温度/℃						

2. 以温度为纵坐标，样品组成为横坐标，绘出 Sn-Bi 金属相图。

【思考与讨论】

1. 在二元金属相图中每个区域存在几个相？分别对应什么状态？什么物质？

2. 两相共存区如何应用杠杆规则？如何说明等质量的锡铋合金（如铋质量分数为 20%和 30%）的步冷曲线平台长度的区别？

3. 应用相律说明两相平衡区有几个自由度及分别代表哪些具体的物理量。

实验 8　液体饱和蒸气压的测定

【实验目的】

1. 掌握静态法测定液体饱和蒸气压的原理及操作方法。
2. 了解纯液体的饱和蒸气压与温度的关系以及克劳修斯-克拉佩龙方程的意义。
3. 学会由图解法求其平均摩尔汽化热和正常沸点。
4. 了解真空泵及恒温槽的使用及注意事项。

【实验原理】

通常温度下（距离临界温度较远时），纯液体与其蒸气达平衡时的蒸气压称为该温度下液体的饱和蒸气压，简称为蒸气压。在某一温度下，密闭真空容器中的液体，有动能较大的分子从液相跑到气相，也有动能较小的分子由气相跑回液相。当二者速率相等时，就达到了动态平衡，气相中的蒸气密度不再改变，因而有一定的饱和蒸气压。

蒸发 1 mol 液体所吸收的热量称为该温度下液体的摩尔汽化热。当蒸气压等于外界压力时，液体沸腾，此时的温度称为沸点。外压不同时，液体沸点将相应改变，当外压为 1 atm（101.325 kPa）时，液体的沸点称为该液体的正常沸点。

液体的蒸气压随温度而变化，温度升高时，蒸气压增大；温度降低时，蒸气压降低，这主要与分子的动能有关。液体的饱和蒸气压与温度的关系可以用克劳修斯-克拉佩龙方程表示：

$$\frac{\mathrm{d}\ln p}{\mathrm{d}T}=\frac{\Delta_{\mathrm{vap}}H_{\mathrm{m}}}{RT^2} \tag{8-1}$$

式中，R 为摩尔气体常数；T 为热力学温度；$\Delta_{\mathrm{vap}}H_{\mathrm{m}}$ 为在温度 T 时纯液体的摩尔汽化热。

假定 $\Delta_{\mathrm{vap}}H_{\mathrm{m}}$ 与温度无关，或因温度范围较小，$\Delta_{\mathrm{vap}}H_{\mathrm{m}}$ 可以近似作为常数，积分式(8-1)，得：

$$\ln p=-\frac{\Delta_{\mathrm{vap}}H_{\mathrm{m}}}{R}\times\frac{1}{T}+C \tag{8-2}$$

式中，C 为积分常数。由式(8-2)可以看出，以 $\ln p$ 对 $1/T$ 作图，应为一直线，直线的斜率为 $-\frac{\Delta_{\mathrm{vap}}H_{\mathrm{m}}}{R}$，由斜率可求算液体的 $\Delta_{\mathrm{vap}}H_{\mathrm{m}}$。

【实验仪器与药品】

仪器：恒温槽、U 形等压计、数字压力计、真空泵及附件。

药品：无水乙醇（分析纯）。

【实验装置】

测量饱和蒸气压的方法有静态法、动态法和饱和气流法 3 种。

① 静态法：在某一温度下，直接测量饱和蒸气压，此法一般适用于蒸气压比较大的液体。静态法测量不同温度下纯液体饱和蒸气压，有升温法和降温法两种。

② 动态法：在不同外压下测定沸点。

③ 饱和气流法：使干燥的惰性气流通过被测液体，并使其为被测液体所饱和，测量通过的气体中被测液体蒸气的含量，根据分压定律计算被测液体的饱和蒸气压。

本次实验采用升温静态法测定不同温度下纯液体的饱和蒸气压，所用测定装置如图 8-1 所示。测定时所用的 U 形等压计，其外形如图 8-2 所示。将待测纯液体装入 a 球中，a 球通过一段弯管与 b 球相连，b 球则通过一个 U 形管与 c 球相连。在 U 形管中加入待测纯液体，其作用有二：一是封闭 a 球液面上待测液体的蒸气；二是指示 U 形等压计两支管的压力。当 U 形等压计两支管中液面平齐时，则表示 a 球液面上的蒸气压与加在 c 球液面上的外压相等，此外压可通过数字压力计读出。此时，体系气液两相平衡的温度称为液体在此外压下的沸点。c 球上外接一冷凝管，可将蒸发出的待测液蒸气回流回等压计中。

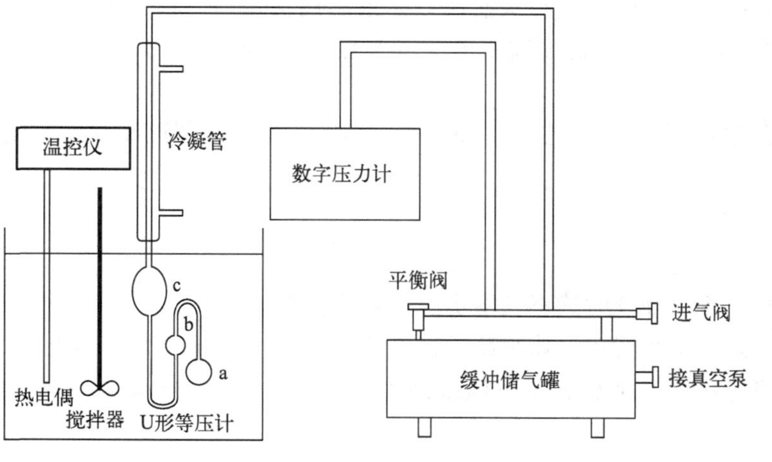

图 8-1　液体饱和蒸气压测定装置图

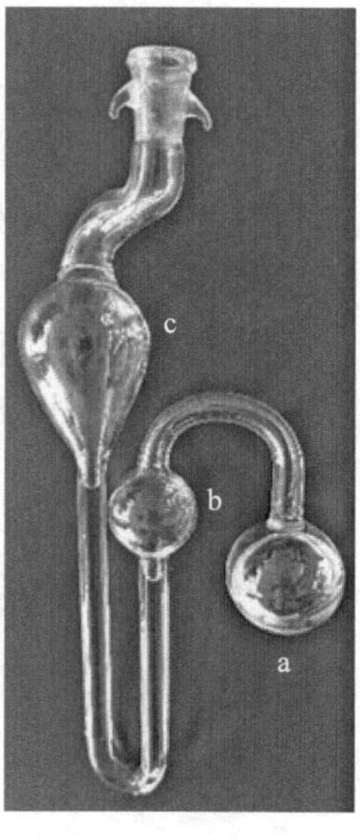

图 8-2　U 形等压计

缓冲储气罐上有 3 个阀门。右上角阀门为进气阀，打开后可将空气通入系统，即向 c 球液面加压；左上角为平衡阀，打开后可将储存在缓冲储气罐中的负压引入系统，即向 c 球液面减压；右下角的阀门和真空泵相连，打开该阀门，启动真空泵后可将缓冲储气罐抽成真空。

【实验步骤】

1. 测量装置安装

将无水乙醇按如下方法装入 U 形等压计中：先将干净的等压计的 a 球烤热，排出等压计内空气，再从 c 球上口加入无水乙醇，通过冷却将乙醇吸入，反复两三次，液体装至 a 球约 2/3 体积为宜，在 U 形管中保留部分乙醇作为封闭液。然后按图 8-1 连好测量装置的各部分。

2. 系统气密性检查

关闭平衡阀，打开进气阀，将系统与大气相通，数字压力计采零，此时以大气压为测量零点。接通冷凝水，关闭进气阀，打开抽气阀，打开平衡阀，开动真空泵，抽气减压至压力计显示压差为 −50 kPa 左右时，关闭抽气阀，关闭真空泵，停止抽气。观察压力计的示数，压力计的示数变化不大于 0.01 $kPa \cdot s^{-1}$，则表明系统不漏气，可进行下一步实验。否则应逐段检查，排除漏气原因。

3. 排除 a、b 球间弯管内的空气

将恒温槽温度调至比室温高 3 ℃，打开真空泵，缓慢打开抽气阀，使系统减压至液体轻微沸腾，此时 a、b 球间弯管内的空气不断随蒸气经 c 球逸出。如果压力降得太低，液体沸腾剧烈，则可缓慢调节进气阀，通入少量空气，使沸腾得以缓和。缓慢沸腾 3～5 min，可认为空气被排除干净，依次关闭平衡阀、抽气阀和真空泵。

4. 饱和蒸气压的测定

当空气被排除干净，且体系温度恒定后，打开进气阀缓缓放入空气，直至 b、c 球间两支管中液面平齐，记录此时的温度与压力。微开平衡阀使液体再次温和沸腾 1 min，关闭平衡阀，微调进气阀使 b、c 球间两支管中液面再次平齐，记录此时的压力，要求此次读数与上次读数相差不大于 0.2 kPa，否则该压力值要重新测量。

将恒温槽温度升高 3 ℃，当待测液体再次沸腾，体系温度恒定后，放入空气使 b、c 球间两支管中液面再次平齐，同时记录温度和压力。依次测定 5 个温度下的压力值。

5. 测量结束

测量结束后，打开进气阀，缓慢放入空气，使压力计显示为零。关闭冷凝水，关闭相关仪器，切断所有电源。

【注意事项】

1. 减压系统不能漏气，否则抽气时达不到本实验要求的真空度。

2. 抽气速度要合适，防止平衡管内液体沸腾过剧，致使 U 形管内液体快速蒸发。

3. 实验过程中，U 形等压计必须放置于恒温水浴中的水面以下，否则其温度与水浴温度不同。

4. 必须充分排净 a、b 球间弯管中的空气，使 a 球液面上空只含待测液体的蒸气。

5. 测定中，打开进气阀时切不可太快，以免空气倒灌入 a、b 球间的弯管中。如果发生倒灌，则必须重新排除空气。

【数据处理】

1. 实验数据记录。

大气压：

实验温度/℃	蒸气压 p/Pa	$\ln p$	$(1/T)/K^{-1}$

2. 以 $\ln p$ 对 $1/T$ 作图，求出直线的斜率，并由斜率算出此温度范围内乙醇的平均摩尔汽化热 $\Delta_{vap}H_m$，由图求算无水乙醇的正常沸点。
3. 将实验结果与文献值比较，并进行误差分析。

【思考与讨论】

1. 试分析引起本实验误差的因素有哪些。
2. 为什么 a、b 球间弯管中的空气要排干净？怎样操作？如何防止空气倒灌？
3. 本实验方法能否用于测定溶液的饱和蒸气压？为什么？
4. 试说明数字压力计中所读数值是否为纯液体的饱和蒸气压。

实验 9　偏摩尔体积的测定

【实验目的】

1. 掌握偏摩尔量的概念。
2. 了解密度的测定并掌握用比重法测偏摩尔量的方法。

【实验原理】

在 T、p 不变的 A、B 两组分溶液中，如 A 组分的物质的量为 n_A，B 组分的物质的量为 n_B，则溶液的任何广度性质（Y）可表示为：

$$dY=\left(\frac{\partial Y}{\partial n_A}\right)_{T,p,n_B}dn_A+\left(\frac{\partial Y}{\partial n_B}\right)_{T,p,n_A}dn_B=Y_A dn_A+Y_B dn_B \tag{9-1}$$

积分式(9-1)，得

$$Y=Y_A n_A+Y_B n_B \tag{9-2}$$

定义表观摩尔体积（Φ_V）为：

$$\Phi_V=\frac{V-n_A V_A^*}{n_B} \tag{9-3}$$

式中，V 为溶液体积；V_A^* 为 T、p 不变下，纯 A 的摩尔体积。

方程式(9-3)可变为：

$$V=n_B\Phi_V+n_A V_A^* \tag{9-4}$$

式(9-4)对 n_B 偏微商，得

$$V_B=\left(\frac{\partial V}{\partial n_B}\right)_{T,p,n_A}=\Phi_V+n_B\left(\frac{\partial V}{\partial n_B}\right)_{T,p,n_A} \tag{9-5}$$

以 V_B、V_A、V 代替式(9-2)中的 Y_B、Y_A、Y，则

$$V_A=\frac{V-n_BV_B}{n_A} \tag{9-6}$$

结合式(9-4)、式(9-5)、式(9-6)，得

$$V_A=\frac{1}{n_A}\left[n_AV_A^*-n_B^2\left(\frac{\partial \Phi_V}{\partial n_B}\right)_{T,p,n_A}\right] \tag{9-7}$$

在已知 n_A、n_B 和摩尔质量 M_A、M_B 及溶液密度 ρ 的情况下，由式(9-7)可计算 V_A，因为

$$V=\frac{n_AM_A+n_BM_B}{\rho} \tag{9-8}$$

将式(9-8)代入式(9-3)，得

$$\Phi_V=\frac{1}{n_B}\left[\frac{n_AM_A+n_BM_B}{\rho}-n_AV_A^*\right] \tag{9-9}$$

以 1 kg 溶剂 A 计量，采用质量摩尔浓度 m_B，则式中 $n_B=m_B$，$n_A=1000\ \text{g}/M_A$（M_A 为 A 的摩尔质量），则式(9-9)变为

$$\Phi_V=\frac{1}{m_B}\left[\frac{1000\ \text{g}+m_BM_B}{\rho}-\frac{1000\ \text{g}}{M_A}V_A^*\right] \tag{9-10}$$

在 T、p 不变时，纯 A 的密度 $\rho_A^*=\frac{M_A}{V_A^*}$，则式(9-10)最后可表示为：

$$\Phi_V=\frac{1000\ \text{g}}{m_B\rho\rho_A^*}(\rho_A^*-\rho)+\frac{M_B}{\rho} \tag{9-11}$$

由式(9-7)求得 V_A 时，其中 $\left(\frac{\partial \Phi_V}{\partial n_B}\right)_{T,\,p,\,n_A}$ 要由 Φ_V-n_B 图求微商而得，但 Φ_V、n_B 并非为线性关系。根据德拜-休克尔理论，对于强电解质的稀水溶液，Φ_V 随 $\sqrt{m_B}$ 有线性关系，故可作如下变换：

$$\left(\frac{\partial \Phi_V}{\partial n_B}\right)_{T,p,n_A}=\left(\frac{\partial \Phi_V}{\partial m_B}\right)_{T,p,n_A}=\left[\frac{\partial \Phi_V}{\partial \sqrt{m_B}}\times\frac{\partial \sqrt{m_B}}{\partial m_B}\right]_{T,p,n_A}=\frac{1}{2\sqrt{m_B}}\left(\frac{\partial \Phi_V}{\partial \sqrt{m_B}}\right)_{T,p,n_A} \tag{9-12}$$

可作 Φ_V-$\sqrt{m_B}$ 图，该图为直线，其直线斜率为 $\left(\frac{\partial \Phi_V}{\partial \sqrt{m_B}}\right)_{T,\,p,\,n_A}$。

因此，不仅可用式(9-7)求 V_A，还可以通过式(9-5)求 V_B。在计算过程中应注意：$n_B=m_B$，$n_A=1000\ \text{g}/M_A$。

【实验仪器与药品】

仪器：恒温槽、分析天平、烘干器（公用）、比重瓶、磨口塞锥形瓶、量筒。
药品：NaCl（分析纯）、蒸馏水。

【实验步骤】

1. 用 100 mL 磨口塞锥形瓶，准确配制质量分数分别为 2%、4%、8.5%、13%和18%的 NaCl 水溶液约 50 mL。先称量锥形瓶，小心加入适量 NaCl，再称量。用量筒加入

所需蒸馏水后称量。由减量法分别求出 NaCl 和水的质量，并求出它们的质量分数。

2. 洗净、干燥比重瓶（图 9-1），在分析天平上称量空比重瓶（注意带盖）。

3. 将比重瓶装满蒸馏水，放入恒温槽内恒温（应比室温至少高 5 ℃）10 min，擦干比重瓶外部，在分析天平上再称量。重复本步骤使称量相差至±0.2 mg。

4. 将已进行步骤 3 操作的比重瓶用待测溶液润洗 3 次，再装满 NaCl 水溶液，放入恒温槽内恒温 10 min。擦干比重瓶外部，在分析天平上称量。重复本步骤使称量相差至±0.2 mg。

5. 用上述步骤 4 的方法对其他浓度的 NaCl 溶液进行操作。

图 9-1 比重瓶

【注意事项】

1. 拿比重瓶时应手持其颈部。

2. 调比重瓶内液体的量，使比重瓶内液面一端在刻度线上，一端与管口齐平，注意比重瓶液体内不应有气泡，将比重瓶盖上盖子，注意在盖盖子时要小心，不能将管内液体挤出。

3. 称量前必须用滤纸把比重瓶的外表面擦干净，然后再放到天平上称量。

【数据处理】

1. 实验数据记录。

实验温度： 实验温度下水的密度：

比重瓶的质量/g	（比重瓶＋水）的质量/g	（NaCl 水溶液＋比重瓶）的质量/g				
		2%	4%	8.5%	13%	18%

2. 由本实验温度下水的质量和密度，计算比重瓶的体积和溶液的密度 ρ。

3. 计算各溶液质量摩尔浓度 m_B。

4. 由溶质的摩尔质量和溶液的密度，用式(9-11) 求 Φ_V。

5. 作 Φ_V-$\sqrt{m_B}$ 直线图，由直线斜率求 $\left(\dfrac{\partial \Phi_V}{\partial m_B}\right)_{T,p,n_A} = \dfrac{1}{2\sqrt{m_B}}\left(\dfrac{\partial \Phi_V}{\partial \sqrt{m_B}}\right)_{T,p,n_A}$。

6. 由式(9-7)和式(9-5)求 V_A 和 V_B。

处理所得数据列表如下：

NaCl 水溶液质量分数/%	2%	4%	8.5%	13%	18%
NaCl 水溶液质量/g					
NaCl 水溶液密度 $\rho/(g\cdot m^{-3})$					
$m_B/(mol\cdot kg^{-1})$					
Φ_V					

续表

V_A					
V_B					

【思考与讨论】

1. 为什么不直接用 $\frac{\partial \Phi_V}{\partial m_B}$，而用 $\left(\frac{\partial \Phi_V}{\partial \sqrt{m_B}}\right)_{T,p,n_A}$ 求 V_B？
2. 为什么本实验的称量精度要求很高？

实验 10　磁化率的测定

【实验目的】

1. 掌握古埃法测定磁化率的原理和方法。
2. 通过测定一些络合物的磁化率，求算未成对电子数和判断这些分子的配键类型。

【实验原理】

物质在外磁场作用下会被磁化，产生一附加磁场。物质内部的磁感应强度（$\boldsymbol{B}$）可表示为：

$$\boldsymbol{B}=\boldsymbol{B}_0+\boldsymbol{B}'=\mu_0\boldsymbol{H}+\chi\mu_0\boldsymbol{H} \tag{10-1}$$

式中，$\boldsymbol{B}_0$ 为外磁场的磁感应强度；$\boldsymbol{B}'$ 为附加磁感应强度；$\boldsymbol{H}$ 为外磁场强度；μ_0 为真空磁导率，其数值等于 $4\pi\times10^{-7}$ N·A^{-2}；χ 为物质的体积磁化率，是物质的一种宏观磁性质。在化学上也常用质量磁化率 χ_m 或摩尔磁化率 χ_M 来表示物质的磁性质。

$$\chi_m=\frac{\chi}{\rho} \tag{10-2}$$

$$\chi_M=M\chi_m=\frac{\chi M}{\rho} \tag{10-3}$$

式中，ρ、M 分别是物质的密度和摩尔质量。

物质的磁性与组成物质的原子、离子或分子的微观结构有关。一般有 3 种情况：①$\chi>0$ 的物质称为顺磁性物质；②$\chi<0$ 的物质称为反磁性物质；③另有少数物质，其 χ 与外磁场强度有关，它随外磁场强度增加而急剧增加，并且往往还有剩磁现象（当外磁场消失后，它们的附加磁场并不立即随之消失），这类物质称为铁磁性物质，如铁、钴、镍等。

当原子、离子或分子的两个自旋状态电子数不相等，即有未成对电子时，物质就具有永久磁矩。其永久磁矩会像小磁铁一样，在外磁场中顺着外磁场的方向排列，其磁化强度与外磁场强度成正比。但是原子、离子或分子的热运动又使这些磁矩趋于混乱。在一定温度下，这两个因素达到平衡，使原子、离子或分子的磁矩部分顺着外磁场的方向定向排列，因而物质内部磁场增强，显示顺磁性。

凡是原子、离子或分子中电子自旋已经配对的物质，一般是反磁性的物质。大部分的物质都是反磁性的物质。物质反磁性的根源在于在物质内部原子、离子或分子中电子轨道的运动受到外磁场作用，感应出“分子电流”，产生与外磁场方向相反的诱导磁矩。这个现象类似线圈中插入磁铁会产生感应电流，并同时产生一个与外磁场相反的磁场的现象。一般来说，原子、离子或分子中电子数目较多，电子运动范围较大时，其反磁化率就越大。

实际上顺磁性物质的磁化率除了分子磁矩定向排列产生的$\chi_{顺}$之外，还包括感应产生的反磁化率$\chi_{反}$，即

$$\chi = \chi_{顺} + \chi_{反}$$

对于顺磁性物质，$\chi_{顺} \gg \chi_{反}$，可作近似处理，$\chi = \chi_{顺}$。对于反磁性物质，则只有$\chi_{反}$，所以$\chi = \chi_{反}$。

磁化率是物质的宏观性质，分子磁矩是物质的微观性质，用统计力学的方法可以得到摩尔顺磁化率$\chi_{顺}$和分子永久磁矩μ间的关系：

$$\chi_{顺} = \frac{N_0 \mu^2 \mu_0}{3kT} \tag{10-4}$$

式中，N_0为阿伏伽德罗常数；k为玻尔兹曼常数；T为热力学温度。

式(10-4) 称为居里定律。该式将物质的宏观性质（$\chi_{顺}$）和物质微观性质（μ）联系起来，因此可以通过实验测定$\chi_{顺}$来计算永久磁矩μ。实验表明，物质的永久磁矩μ与它所含有的未成对电子数n的关系为：

$$\mu = \sqrt{n(n+2)}\, \mu_B \tag{10-5}$$

式中，μ_B为玻尔磁子，其物理意义是单个自由电子自旋所产生的磁矩。

$$\mu_B = \frac{eh}{4\pi m_e} = 9.274 \times 10^{-24} (\mathrm{J \cdot T^{-1}}) \tag{10-6}$$

式中，h为普朗克常数；m_e为电子质量。因此，只要实验测得χ_M，即可求出μ，算出未成对电子数。这对于研究某些原子或离子的电子组态，以及判断络合物分子的配键类型是很有意义的。

磁化率的测定可以用共振法或天平法。其中古埃天平法测定磁化率用得最多，其装置示意图如图 10-1 所示。将装有样品的圆柱形玻管悬挂在两磁极中间，使样品底部处于两磁极的中心，即磁场强度最强区域。样品的顶部则位于磁场强度最弱，甚至为零的区域。这样，样品就处于一不均匀的磁场中。设样品的截面积为A，样品管的长度方向为$\mathrm{d}S$的小体积元$A\mathrm{d}S$在非均匀磁场中所受到的作用力$\mathrm{d}F$为：

$$\mathrm{d}F = \chi \mu_0 H A \mathrm{d}S \frac{\mathrm{d}H}{\mathrm{d}S} \tag{10-7}$$

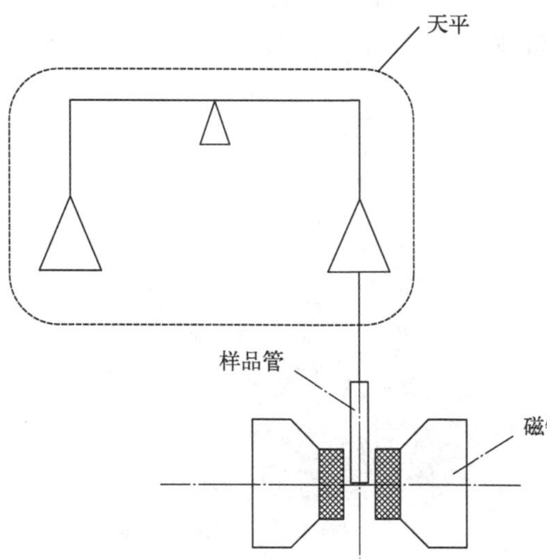

图 10-1　古埃磁天平示意图

式中，$\frac{\mathrm{d}H}{\mathrm{d}S}$为磁场强度梯度，对于顺磁性物质的作用力，指向磁场强度最强的方

向，反磁性物质则指向磁场强度最弱的方向。当不考虑样品周围介质（如空气，其磁化率很小）和 H（当地的地磁场强度，约为 40 A · m^{-1}，一般可以忽略不计）的影响时，整个样品所受的力为：

$$F=\int_{H}^{H_0}\chi\mu_0 AH\mathrm{d}S\frac{\mathrm{d}H}{\mathrm{d}S}=\frac{1}{2}\chi\mu_0 H^2 A \tag{10-8}$$

当样品受到磁场作用力时，天平的另一臂通过加减砝码使之平衡，设 Δm 为施加磁场前后的质量差，则

$$F=\frac{1}{2}\chi\mu_0 H^2 A=g\Delta m=g(\Delta m_{空管+样品}-\Delta m_{空管}) \tag{10-9}$$

由于 $\chi=\chi_{\mathrm{m}}\rho$，$\rho=\dfrac{m}{hA}$，代入式(10-9)整理得：

$$\chi_{\mathrm{m}}=\frac{2(\Delta m_{空管+样品}-\Delta m_{空管})hg}{\mu_0 mH^2} \tag{10-10}$$

式中，h 为样品高度；m 为样品质量；ρ 为样品密度；μ_0 为真空磁导率，$\mu_0=4\pi\times10^{-7}$ N · A^{-2}。

磁场强度 H 可用特斯拉计测量，或用已知磁化率的标准物质进行间接测量。例如用莫尔盐 [$(NH_4)_2SO_4 \cdot FeSO_4 \cdot 6H_2O$]，已知莫尔盐的 χ_{m} 与热力学温度 T 的关系式为：

$$\chi_{\mathrm{m}}=\frac{9500}{T+1}\times4\pi\times10^{-9}(\mathrm{m}^3\cdot\mathrm{kg}^{-1}) \tag{10-11}$$

用标准样标定时，由式(10-10)可得：

$$\chi_{\mathrm{m}样}=\chi_{\mathrm{m}标}\frac{(\Delta m_{空管+样}-\Delta m_{空管})m_{标}}{(\Delta m_{空管+标}-\Delta m_{空管})m_{样}}$$

【实验仪器与药品】

仪器：古埃磁天平 1 台、分析天平 1 台、软质玻璃样品管 4 只、样品管架 1 个、直尺 1 只、角匙 4 只、广口试剂瓶 4 只、小漏斗 4 只。

药品：莫尔盐 [$(NH_4)_2SO_4 \cdot FeSO_4 \cdot 6H_2O$](分析纯)、$FeSO_4 \cdot 7H_2O$(分析纯)、$K_3Fe(CN)_6$(分析纯)、$K_4Fe(CN)_6 \cdot 3H_2O$(分析纯)。

图 10-2　磁天平

【实验装置】

磁天平如图 10-2 所示。

【实验步骤】

1. 用测试杆检查两磁头间隙为 20 mm，将数字毫特斯拉计的探头放入磁铁的中心架中，套上保护套。

2. 电流调节旋钮左旋到底，接通电源，按“采零”键，使特斯拉计的数字显示为“0”。

3. 除下保护套，把探头平面垂直置于磁场两极中心。由小到大调节“励磁电流”，使电流增大至特斯拉计上显示约“0.300T”，调节

探头上下、左右位置，观察数字显示值，把探头位置调节至显示值为最大的位置，此乃探头最佳位置。用探头沿此位置的垂直线，测定离磁铁中心的高度 H_0，这也就是样品管内应装样品的高度。调节“励磁电流”使特斯拉计数字显示为零。

4. 用莫尔盐标定磁场强度。取一支清洁干燥的空样品管悬挂在磁天平的挂钩上，使样品管底部正好与磁极中心线齐平，样品管不可与磁极接触，并与探头有合适的距离。准确称取空样品管质量（$H=0$）时，得 $m_1(H_0)$；由小到大调节“励磁电流”旋钮，使特斯拉计数显为“0.300T”（H_1），迅速称量，得 $m_1(H_1)$；逐渐增大电流，使特斯拉计数显为“0.350T”（H_2），称量得 $m_1(H_2)$；然后略微增大电流，接着退至“0.350T”（H_2），称量得 $m_2(H_2)$；将电流降至数显为“0.300T”（H_1）时，再称量得 $m_2(H_1)$；再缓慢降至数显为“0.000T”（H_0），又称取空管质量得 $m_2(H_0)$。这样调节电流由小到大，再由大到小的测定方法是为了抵消实验时磁场剩磁现象的影响。

$$\Delta m_{\text{空管}}(H_1)=\frac{\Delta m_1(H_1)+\Delta m_2(H_1)}{2} \tag{10-12}$$

$$\Delta m_{\text{空管}}(H_2)=\frac{\Delta m_1(H_2)+\Delta m_2(H_2)}{2} \tag{10-13}$$

式中，$\Delta m_1(H_1)=m_1(H_1)-m_1(H_0)$；$\Delta m_2(H_1)=m_2(H_1)-m_2(H_0)$；$\Delta m_1(H_2)=m_1(H_2)-m_1(H_0)$；$\Delta m_2(H_2)=m_2(H_2)-m_2(H_0)$。

5. 取下样品管，用小漏斗装入事先研细并干燥过的莫尔盐，并不断让样品管底部在软垫上轻轻碰击，使样品均匀填实，直至所要求的高度（用尺准确测量），按前述方法将装有莫尔盐的样品管置于磁天平上称量，重复称空管时的过程，得 $m_{1\text{空管+样品}}(H_0)$、$m_{1\text{空管+样品}}(H_1)$、$m_{1\text{空管+样品}}(H_2)$、$m_{2\text{空管+样品}}(H_2)$、$m_{2\text{空管+样品}}(H_1)$、$m_{2\text{空管+样品}}(H_0)$，求出 $\Delta m_{\text{空管+样品}}(H_1)$ 和 $\Delta m_{\text{空管+样品}}(H_2)$。

6. 同一样品管中，同法分别测定 $FeSO_4\cdot 7H_2O$、$K_3Fe(CN)_6$ 和 $K_4Fe(CN)_6\cdot 3H_2O$ 的 $\Delta m_{\text{空管+样品}}(H_1)$ 和 $\Delta m_{\text{空管+样品}}(H_2)$。

测定后的样品均要倒回试剂瓶，可重复使用。洗净样品管、干燥备用。

【注意事项】

1. 所测样品应事先研细，放在装有浓硫酸的干燥器中干燥。
2. 空样品管需干燥洁净，装样时应使样品均匀填实。
3. 称量时，样品管应正好处于两磁极之间，其底部与磁极中心线齐平。悬挂样品管的悬线勿与任何物件相接触。
4. 样品倒回试剂瓶时，注意瓶上所贴标志，切忌倒错瓶子。

【数据处理】

1. 将所测数据列表。

称重 m/g						
磁场强度	H_0	H_1(0.300T)	H_2(0.350T)	H_2(0.350T)	H_1(0.300T)	H_0
空管						
莫尔盐						
$FeSO_4\cdot 7H_2O$						
$K_3Fe(CN)_6$						
$K_4Fe(CN)_6\cdot 3H_2O$						

2. 由莫尔盐的单位质量磁化率和实验数据计算磁场强度值。

3. 计算 $FeSO_4 \cdot 7H_2O$、$K_3Fe(CN)_6$ 和 $K_4Fe(CN)_6 \cdot 3H_2O$ 的 χ_m、μ_m 和未成对电子数。

4. 根据未成对电子数讨论 $FeSO_4 \cdot 7H_2O$ 和 $K_4Fe(CN)_6 \cdot 3H_2O$ 中 Fe^{2+} 的最外层电子结构以及由此构成的配键类型。

【思考与讨论】

1. 不同励磁电流下测得的样品摩尔磁化率是否相同?

2. 用古埃磁天平测定磁化率的精密度与哪些因素有关?

附：古埃磁天平简介

1. 古埃磁天平的结构

古埃磁天平是由全自动电光分析天平、悬线（尼龙丝或琴弦）、样品管、电磁铁、励磁电源、DTM-3A 特斯拉计、霍尔探头、照明系统等部件构成。磁天平的电磁铁由单桅水冷却型电磁铁构成，磁极直径为 40 mm，磁极矩为 10～40 mm，电磁铁的最大磁场强度可达 0.6 T。励磁电源是 220 V 的交流电源，用整流器将交流电变为直流电，经滤波串联反馈输入电磁铁，如图 10-3，励磁电流可从 0 调至 10 A。

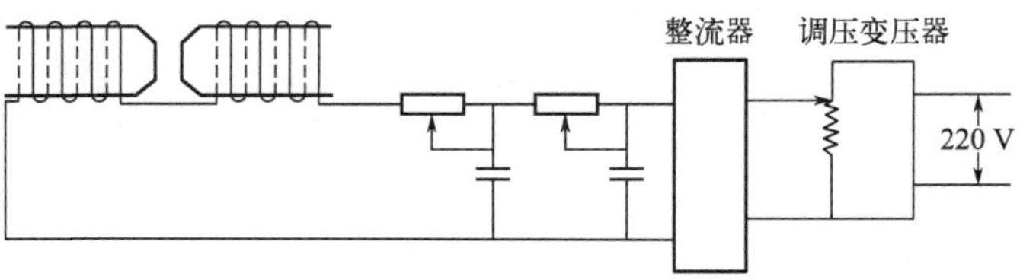

图 10-3　磁天平电源线路示意图

磁场强度测量用 DTM-3A 特斯拉计。仪器传感器是霍尔探头，其结构如图 10-4 所示。

2. 测量原理

在一块半导体单晶薄片的纵向两端通电流 I_H，此时半导体中的电子沿着 I_H 反方向移动，见图 10-5，当放入垂直于半导体平面的磁场 H 中，则电子会受到磁场力 F_g 的作用而发生偏转（洛伦兹力），使得薄片的一个横端上产生电子积累，造成两横端面之间有电场，即产生电场力阻止电子偏转作用，当 $F_g = F_e$ 时，电子的积累达到动态平衡，产生一个稳定的霍尔电势 V_H，这种现象称为霍尔效应。

图 10-4　霍尔探头

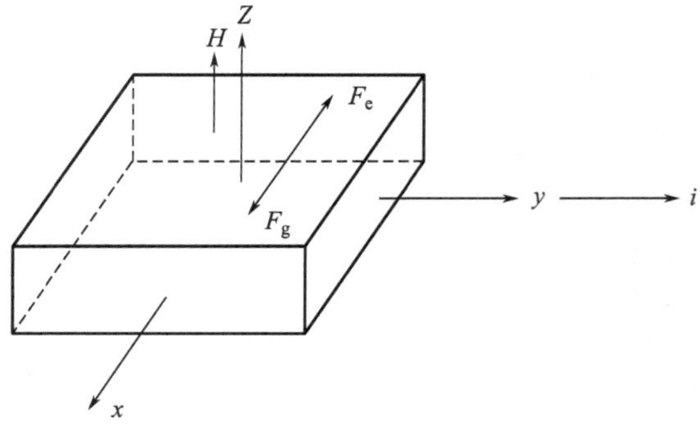

图 10-5　霍尔效应原理示意图

其关系式为：

$$V_H = K_H I_H B\cos\theta \tag{10-14}$$

式中，I_H 为工作电流；B 为磁感应强度；K_H 为元件灵敏度；V_H 为霍尔电势；θ 为磁场方向和半导体面的垂线的夹角。

由式(10-14) 可知，当半导体材料的几何尺寸固定，I_H 由励磁电源固定，则 V_H 与被测磁场 H 成正比。当霍尔探头固定 $\theta=0°$时（即磁场方向与霍尔探头平面垂直时输入最大）H 的信号通过放大器放大，并配以双积分型单片数字电压表，经过放大倍数的校正，使数字显示直接指示出与 V_H 相对应的磁感应强度。

3. 使用注意事项

① 霍尔探头是易损元件，必须防止变送器受压、挤扭、变曲和碰撞等，以免损坏元件。

② 使用前应检查霍尔探头铜管是否松动，如有松动应紧固后使用。

③ 霍尔探头不宜在局部强光照射下，或高于 60 ℃的温度时使用，也不宜在腐蚀性气体场合下使用。

④ 磁场极性判别。在测试过程中，特斯拉计数字显示若为负值，则探头的 N 极与 S 极位置放反，需纠正。

⑤ 霍尔探头平面与磁场方向要垂直。

⑥ 实验结束后应将霍尔探头套上保护金属套。

实验 11 燃烧热的测定

【实验目的】

1. 明确燃烧热的定义，了解恒压燃烧热与恒容燃烧热的差别。
2. 学会用雷诺作图法校正温度的改变值。
3. 学会用氧弹量热计测定物质的燃烧热。

【实验原理】

燃烧热是指 1 mol 物质完全燃烧时的热效应，是热化学中重要的基本数据，可在恒容或恒压条件下测定。一般化学反应的热效应，往往因为反应太慢或反应不完全，难以直接测定，或者测量结果不准确。但是，通过盖斯定律可用燃烧热数据间接求算。因此燃烧热广泛地用在各种热化学计算中。

由热力学第一定律可知：在不做非膨胀功情况下，恒容反应热 $Q_V=\Delta U$，恒压反应热 $Q_p=\Delta H$。在氧弹量热计中所测燃烧热为 Q_V，而一般热化学计算用的值为 Q_p，这两者可通过下式进行换算：

$$Q_p = Q_V + \Delta nRT \tag{11-1}$$

式中，Δn 为反应前后生成物与反应物中气体的物质的量之差；R 为摩尔气体常数；T 为反应温度，K。

量热法是热力学实验中的一种基本方法。测量热效应的仪器称作量热计。量热计种类很多，本实验采用氧弹量热计测量燃烧热，这种量热仪器在热化学、生物化学以及某些工业部门中应用广泛。氧弹量热计是一种环境恒温式量热计，测量的基本原理是能量守恒定律。实验时，样品完全燃烧放出的能量使氧弹量热计本身及其周围介质（本实验用水）以及量热计有关附件温度升高，在量热体系与环境没有热交换的情况下，若测量介质燃烧前后温度的变化，就可以求算该样品的恒容燃烧热，其关系式如下：

$$-W_{样} Q_V = K\Delta T + \Delta L \times Q_1 \tag{11-2}$$

式中，$W_{样}$ 为样品的质量，g；Q_V 为样品的恒容燃烧热，$J \cdot g^{-1}$；ΔT 为样品燃烧前后介质水温的变化值，K；ΔL 为点火丝实际消耗的长度，cm；K 为量热体系的热容量，$J \cdot K^{-1}$；Q_1 为单位长度点火丝的燃烧热，对 Cu-Ni 丝其值为 $-3.0239\ J \cdot cm^{-1}$，铁丝的燃烧热值为 $-2.9\ J \cdot cm^{-1}$。

量热计水当量在数据上等于量热体系每升高 1 K 所吸收的热量。量热体系是指实验中发生热效应所能分布到的部分。量热计水当量用已知热值的纯净苯甲酸在氧弹内完全燃烧的方法测定。苯甲酸的恒容燃烧热为已知值。物质燃烧热的测定应与水当量的测定在完全相同的条件下进行。

【实验仪器与药品】

仪器：SHR-15B 燃烧热实验装置 1 台、氧弹 1 个、氧气钢瓶 1 个、减压阀 1 个、台秤 1 台、电子天平 1 台、压片机 2 台、万用表 1 只、塑料烧杯 1 个、金属引火丝若干、直尺 1 把。

药品：苯甲酸（分析纯）、萘（分析纯）。

【实验装置】

1. 氧弹量热计的构造

氧弹量热计装置（型号 SHR-15B）如图 11-1 所示，内部构造如图 11-2 所示。内筒以内的部分为仪器的主体，即本实验所研究的体系，体系与外界隔以空气层绝热。为使体系温度很快达到均匀，装有搅拌器。为防止通过搅拌器传导热量，金属搅拌器上端有绝热良好的塑料与马达连接。

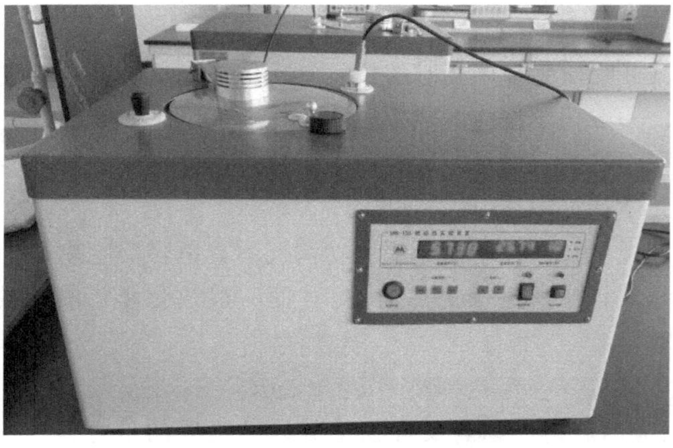

图 11-1　SHR-15B 燃烧热实验装置图

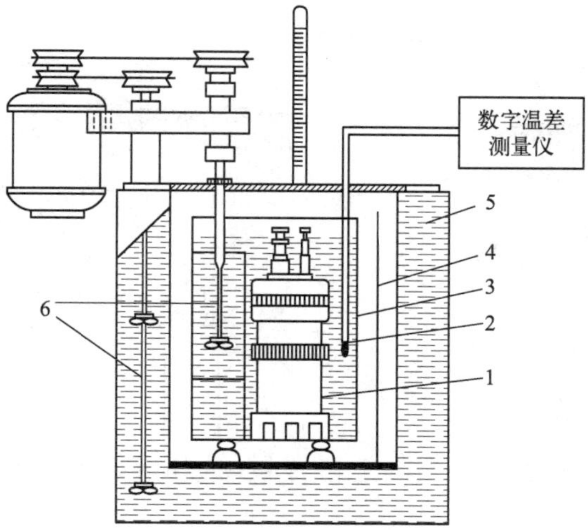

图 11-2　氧弹量热计内部构造

1—氧弹；2—温度传感器；3—内筒；4—空气隔层；5—外筒；6—搅拌器

2. 氧弹的构造

氧弹由特种钢制成，外部形貌如图 11-3 所示，内部结构如图 11-4 所示。试样在氧弹中燃烧产生的压力很高，故要定期进行 300 kg·cm^{-2} 水压测试。氧弹是量热计的核心部分，应该细心保养，用完应用干毛巾擦拭干净，防止生锈。实验开始前，要仔细检查氧弹是否漏气。

充氧气时，将氧弹放在专用充氧器下（图 11-5），使其上端进气口对准充氧器的充气口。打开氧气钢瓶开关（逆时针旋转），氧气总压表（高压表）指示此时钢瓶内氧气的总压，慢慢打开氧气分压表（低压表）上的阀门（顺时针旋转），进行充氧（如图 11-6）。充氧完成后，放开充气手柄，取下氧弹。

图 11-3　氧弹外部图

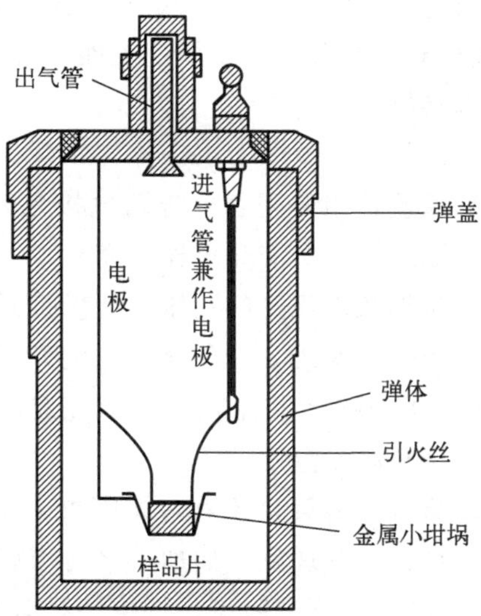

图 11-4　氧弹内部构造

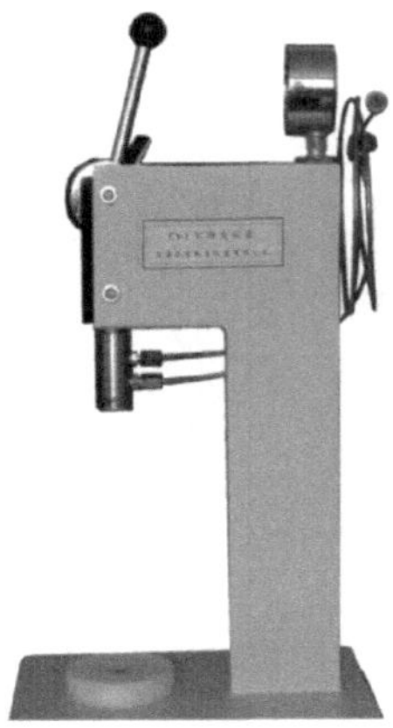

图 11-5　专用充氧器

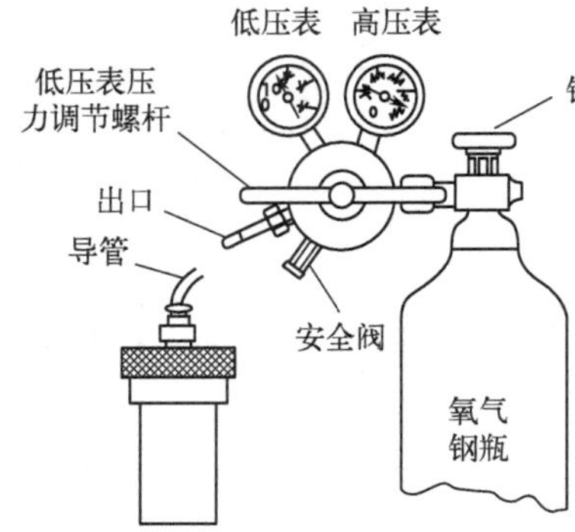

图 11-6　安装在气体钢瓶上的氧气减压阀示意图

【实验步骤】

1. 水当量的测定

（1）样品压片

用托盘天平称取约 0.8～1.0 g 的苯甲酸（不可超过 1.1 g），倒入压片机中，徐徐旋紧压片机的螺杆，直到将样品压成片状为止。然后旋松压片机螺杆，抽去模底的托板，再继续向下旋紧螺杆，使样品脱落。压的太紧，点火时不易全部燃烧；压的太松，样品容易脱落。将压成片的样品在干净的滤纸或称量纸上轻击 2～3 次，再用电子天平精确称量。

（2）安装引火丝并装样

旋开氧弹盖，将氧弹盖放在专用的弹头架上，装好专用的金属小坩埚，将压好片的样品平放入金属小坩埚中，取一根金属引火丝，准确测量其长度。将长度为 10.4 cm 的引火丝从中段对折，并将引火丝两端分别牢牢缚在氧弹盖的电极杆上（不牢固易造成点火失败），引火丝对折部分紧贴于样片表面，且轻摇弹盖时样品不会离开引火丝，引火丝不与金属小坩埚接触。

（3）充氧气

旋紧氧弹盖，用万用表检查两电极是否通路。若通路，则将氧弹放在专用的充氧器下，使其上端进气口对准充氧器的充气口。打开氧气钢瓶的阀门（逆时针旋转），氧气总压表指示此时钢瓶内氧气的总压。慢慢打开氧气分压表上的阀门（顺时针旋转），使氧气分压表指示为 0.5 MPa，握住充氧器的充气手柄向下压，使其充气口与氧弹进气口紧密接触，保持这一状态约 20～30 s，充氧完成。放开充气手柄，取下氧弹。

（4）燃烧和测量温度

打开内筒盖，将氧弹放入内筒中央卡位上，将 3000 mL 自来水转入内筒，水面刚好淹没氧弹，且无漏气现象（如加入水后，氧弹有气泡逸出，说明氧弹漏气，必须排除漏气方可继续试验），盖好内筒盖，将数字温差测量仪探头由外筒取出插入内筒中。打开量热计电源开关，按下量热计操作面板上的采零按钮，随即按下锁定按钮。待温度稳定后开始记录温度，每隔 30 s 记录一次温度和温差，直到前后两个温度的差值小于 0.005 ℃，再连续记录 8 次水温变化。开启“点火”按钮，当温度明显升高时，说明点火成功，每 15 s

记录一次温度和温差的变化。到温度升至最高点后，连续记录温度和温差，直到前后两个温度的差值小于 0.005 ℃后，再连续记录 8 次水温变化，停止搅拌，取出氧弹，用减压阀放出余气，打开氧弹盖，若氧弹中无灰烬，表示燃烧完全，关闭量热计电源开关，测量剩余燃烧丝的长度，待处理数据时用。

2. 萘燃烧热的测定

称取 0.6～0.8 g 萘，同上法进行测量。

实验结束后，关闭量热计电源，将温度计探头由内筒取出插入外筒中，打开内筒盖，取出氧弹，放出余气，清洗、擦干氧弹内筒和量热计盛水桶。

【注意事项】

1. 待测样品一定要干燥。
2. 压片时不可过紧，太紧不容易燃烧；也不可太松，太松样品容易脱落。
3. 一定要将引火丝紧贴在样品表面上，引火丝不可与金属小坩埚接触。
4. 内筒中加 3000 mL 水后若有气泡逸出，说明氧弹漏气，设法排除。
5. 量热计的搅拌器不可与氧弹接触。
6. 燃烧样品萘时，内筒水要更换。
7. 氧气瓶在开总阀前要检查减压阀是否关好；实验结束后要关上钢瓶总阀，注意排净余气，使指针回零。
8. 取出温度传感器时，应先取温度传感器，再打开仪器盖子。

【数据处理】

1. 原始数据记录：

室温：________℃；压强：__________Pa；苯甲酸质量：__________g；

萘质量：________g；引火丝原长：________cm；剩余燃烧丝长：________cm

反应前期			反应期			反应后期		
时间/s	温度/K	温差/K	时间/s	温度/K	温差/K	时间/s	温度/K	温差/K

2. 用雷诺图解法分别求出苯甲酸、萘燃烧前后的温度差 $\Delta T_{苯甲酸}$ 和 $\Delta T_{萘}$。

由雷诺曲线求得 ΔT 的方法如下：

将样品燃烧前后历次观察的水温对时间作图，联成 $FHIDG$ 折线（图 11-7），图中 H 相当于开始燃烧之点，D 为观察到的最高温度读数点，作相当于室温之平行线 JI 交折线于 I，过 I 点作 ab 垂线，然后将 FH 线和 GD 线外延交 ab 线于 A、C 两点，A 点与 C 点所表示的温度差即为所求的 ΔT。图中 AA' 为开始燃烧到温度上升至室温这一段时间 Δt_1 内，由环境辐射进来和搅拌引进的能量而造成体系温度的升高，必须扣除，CC' 为温度由室温升高到最高点 D 这一段时间 Δt_2 内，体系向环境辐射出能量而造成体系温度的降低，因此需要添加上。由此可见 AC 两点的温差较客观地表示了样品燃烧致使量热计温度升高的数值。

有时量热计的绝热情况良好，热漏小，而搅拌器功率大会不断引进能量，导致燃烧后的最高点不出现（图 11-8）。这种情况下 ΔT 仍然可以按照同样方法校正。

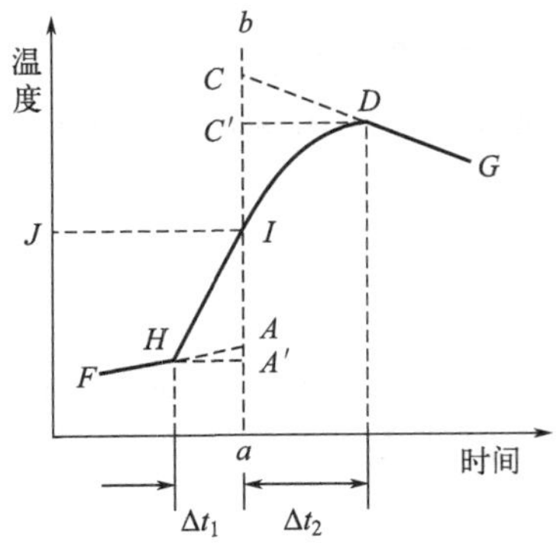

图 11-7　绝热较差时的雷诺校正图

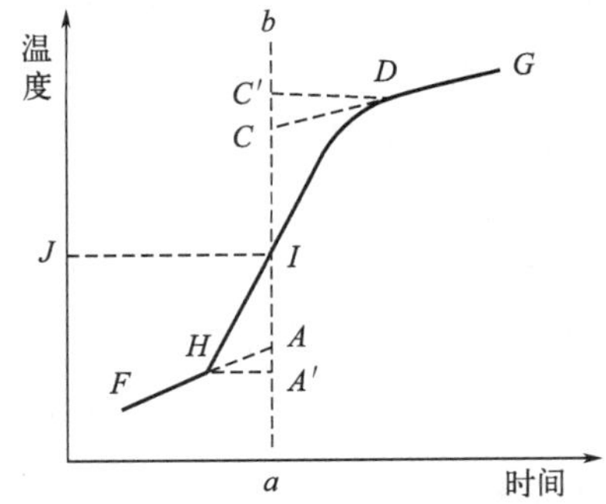

图 11-8　绝热良好时的雷诺校正图

3. 由苯甲酸数据求出水当量 W，参考公式：

$$-W_{样}\ Q_V = K\Delta T + \Delta L \times Q_1$$

4. 求出萘的燃烧热 Q_V，换算成 Q_p。
5. 将所测萘的燃烧热值与文献值比较，求出误差，分析误差产生的原因。

【思考与讨论】

1. 本实验中，哪些为体系？哪些为环境？实验过程中有无热损耗，如何降低热损耗？
2. 为什么实验测得的温度差值要经过作图法校正？
3. 恒容燃烧热（Q_V）和恒压燃烧热（Q_p）的差别是什么？二者相互关系怎样？
4. 试分析样品燃烧不着或者燃烧不完全的原因。
5. 欲测定液体样品的燃烧热，你能想出测定方法吗？

实验 12　溶解热的测定

【实验目的】

1. 用电热补偿法测定 KNO_3 在不同浓度水溶液中的积分溶解热。
2. 用作图法求 KNO_3 在水中的积分稀释热、微分稀释热和微分溶解热。

【实验原理】

溶质在纯溶剂或溶液中的溶解过程伴随有热效应，一些无机盐类如：KNO_3 在水中的溶解过程是吸热的，而 KOH、CaO 等在水中的溶解过程是放热的。在热化学中，对于溶解过程中热效应的定量分析和研究，是从引入相关积分溶解热和微分溶解热概念开始的。

溶解热：在恒温恒压下，n_2 摩尔溶质溶于 n_1 摩尔溶剂（或溶于某浓度的溶液）中产生的热效应，用 Q 表示，溶解热可分为积分（或称变浓）溶解热和微分（或称定浓）溶解热。

积分溶解热：在恒温恒压下，1 mol 溶质溶于 n_0 摩尔溶剂中产生的热效应，用 Q_S

表示。

微分溶解热：在恒温恒压下，1 mol 溶质溶于某一确定浓度的无限量溶液中产生的热效应，以$\left(\frac{\partial Q}{\partial n_2}\right)_{T,p,n_1}$表示，简写为$\left(\frac{\partial Q}{\partial n_2}\right)_{n_1}$。

稀释热：在恒温恒压下，1 mol 溶剂加到某浓度的溶液中使之稀释所产生的热效应。稀释热也可分为积分（或变浓）稀释热和微分（或定浓）稀释热两种。

积分稀释热：在恒温恒压下，把原含 1 mol 溶质及 n_{01} 摩尔溶剂的溶液稀释到含溶剂为 n_{02} 时的热效应，亦即为某两个不同浓度溶液的积分溶解热之差，以 Q_d 表示。

微分稀释热：在恒温恒压下，1 mol 溶剂加入某一确定浓度的无限量溶液中产生的热效应，以$\left(\frac{\partial Q}{\partial n_1}\right)_{T,p,n_2}$表示，简写为$\left(\frac{\partial Q}{\partial n_1}\right)_{n_2}$。

设纯溶剂和纯溶质的摩尔焓分别为 $H_m(1)$和 $H_m(2)$，当溶质溶解于溶剂变成溶液后，在溶液中溶剂和溶质的偏摩尔焓分别为 $H_{1,m}$ 和 $H_{2,m}$，对于由 n_1 摩尔溶剂和 n_2 摩尔溶质组成的体系，在溶解前体系总焓为 H。

$$H=n_1H_m(1)+n_2H_m(2) \tag{12-1}$$

设溶液的焓为 H'，

$$H'=n_1H_{1,m}+n_2H_{2,m} \tag{12-2}$$

因此溶解过程热效应 Q 为：

$$\begin{aligned} Q&=\Delta_{mix}H=H'-H=n_1[H_{1,m}-H_m(1)]+n_2[H_{2,m}-H_m(2)] \\ &=n_1\Delta_{mix}H_m(1)+n_2\Delta_{mix}H_m(2) \end{aligned} \tag{12-3}$$

式中，$\Delta_{mix}H_m(1)$为微分稀释热；$\Delta_{mix}H_m(2)$为微分溶解热。根据上述定义，积分溶解热 Q_S 为：

$$\begin{aligned} Q_S&=\frac{Q}{n_2}=\frac{\Delta_{mix}H}{n_2}=\Delta_{mix}H_m(2)+\frac{n_1}{n_2}\Delta_{mix}H_m(1) \\ &=\Delta_{mix}H_m(2)+n_0\Delta_{mix}H_m(1) \end{aligned} \tag{12-4}$$

在恒压条件下，$Q=\Delta_{mix}H$，对 Q 进行全微分

$$dQ=\left(\frac{\partial Q}{\partial n_1}\right)_{n_2}dn_1+\left(\frac{\partial Q}{\partial n_2}\right)_{n_1}dn_2 \tag{12-5}$$

式(12-5)在比值$\frac{n_1}{n_2}$恒定下积分，得：

$$Q=\left(\frac{\partial Q}{\partial n_1}\right)_{n_2}n_1+\left(\frac{\partial Q}{\partial n_2}\right)_{n_1}n_2 \tag{12-6}$$

式(12-6)以 n_2 除之，得：

$$\frac{Q}{n_2}=\left(\frac{\partial Q}{\partial n_1}\right)_{n_2}\times\frac{n_1}{n_2}+\left(\frac{\partial Q}{\partial n_2}\right)_{n_1} \tag{12-7}$$

$$\Delta_{mix}H(2)=\left(\frac{\partial Q}{\partial n_2}\right)n_1$$

因

$$\frac{Q}{n_2}=Q_S \qquad \frac{n_1}{n_2}=n_0 \tag{12-8}$$

$$Q=n_2Q_S \quad n_1=n_2n_0$$

则
$$\left(\frac{\partial Q}{\partial n_1}\right)_{n_2}=\left[\frac{\partial(n_2Q_S)}{\partial(n_2n_0)}\right]_{n_2}=\left(\frac{\partial Q_S}{\partial n_0}\right)_{n_2} \tag{12-9}$$

将式(12-8)、式(12-9)代入式(12-7)得：

$$Q_S=\left(\frac{\partial Q}{\partial n_2}\right)_{n_1}+n_0\left(\frac{\partial Q_S}{\partial n_0}\right)_{n_2} \tag{12-10}$$

对比式(12-3)与式(12-6)，或式(12-4)与式(12-10)，得

$$\Delta_{mix}H_m(1)=\left(\frac{\partial Q}{\partial n_1}\right)_{n_2} \quad 或 \quad \Delta_{mix}H_m(1)=\left(\frac{\partial Q_S}{\partial n_0}\right)_{n_2}$$

以 Q_S 对 n_0 作图，可得图 12-1 的 Q_S-n_0 曲线关系。在图 12-1 中，AF 与 BG 分别为将 1 mol 溶质溶于 n_{01} 和 n_{02} 摩尔溶剂时的积分溶解热 Q_S，BE 表示在含有 1 mol 溶质的溶液中加入溶剂，使溶剂量由 n_{01} 摩尔增加到 n_{02} 摩尔过程的积分稀释热 Q_d。

$$Q_d=Q_{S}n_{02}-Q_{S}n_{01}=BG-EG \tag{12-11}$$

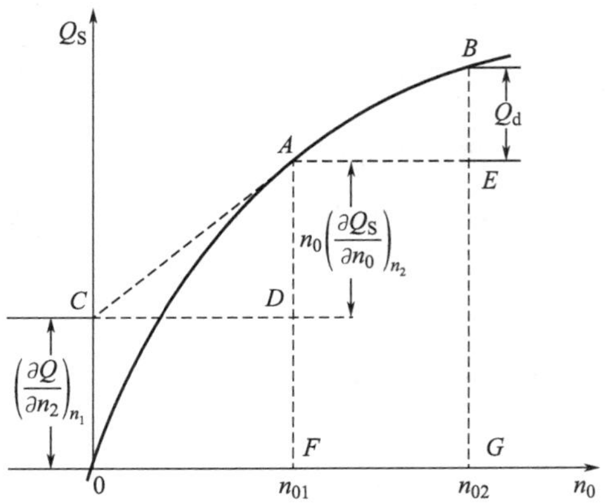

图 12-1　Q_S-n_0 关系图

图 12-1 中曲线 A 点的切线斜率等于该浓度溶液的微分稀释热。

$$\Delta_{mix}H_m(1)=\left(\frac{\partial Q_S}{\partial n_0}\right)_{n_2}=\frac{AD}{CD}$$

切线在纵轴上的截距等于该浓度的微分溶解热。

$$\Delta_{mix}H_m(2)=\left(\frac{\partial Q}{\partial n_2}\right)_{n_1}=\left[\frac{\partial(n_2Q_S)}{\partial n_2}\right]_{n_1}=Q_S-n_0\left(\frac{\partial Q_S}{\partial n_0}\right)_{n_2}$$

本实验测硝酸钾溶解在水中的溶解热，是一个溶解过程中温度随反应的进行而降低的吸热反应，故采用电热补偿法测定。先测定体系的起始温度 T，溶解过程中体系温度随吸热反应进行而降低，再用电加热法使体系升温至起始温度，根据所消耗电能求出热效应 Q。

$$Q=I^2Rt=IUt$$

式中，I 为通过电阻为R 的电热器的电流强度，A；U 为电阻丝两端所加电压，V；t 为通电时间，s。这种方法称为电热补偿法，本实验测定 KNO_3 在水溶液中的积分溶解热(Q_S)，其他三种热效应则通过 Q_S-n_0 曲线求得。

【实验仪器与药品】

仪器：量热计（包括杜瓦瓶、搅拌器、加热器）1 套、数字恒流电源 1 台、电子天平 1 台、烧杯 1 个（250 mL）、秒表 1 只、干燥器 1 只、研钵 1 个、称量纸若干。

药品：KNO_3（分析纯）。

【实验装置】

测量热效应在量热计中进行。量热计的类型很多，分类方法也不统一，按传热介质分类为固体量热计和液体量热计，按工作温度范围分为高温量热计和低温量热计等。通常情

况下量热计可分为两类：一类是等温量热计，其本身温度在量热过程中始终不变，所测得的量为体积的变化，如冰量热计等；另一类是经常采用的测温量热计，它本身的温度在量热过程中会改变，通过测量温度的变化进行量热，这种量热计又可以是外壳等温或绝热式的。本实验采用绝热式测温量热计，它是一个包括量热器、搅拌器、电加热器和温度计等的量热系统，如图 12-2 所示。量热器中有直径为 8 cm、容量为 350 mL 的杜瓦瓶，并加盖以减少辐射、传导、对流、蒸发等热交换。为使均匀有效地搅拌，采用磁力电动搅拌器，由温度传感器测量温度变化（图 12-3）。

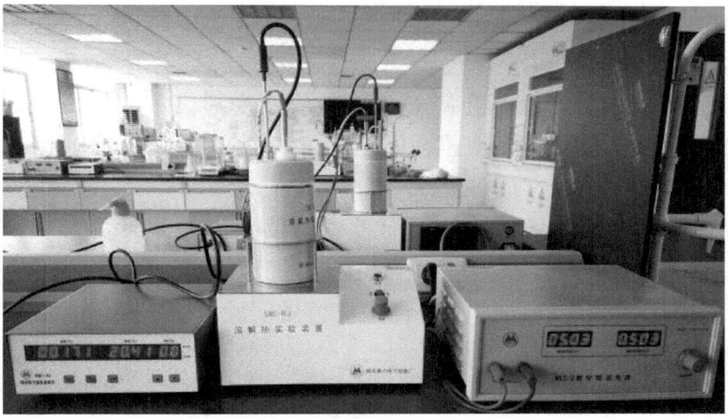

图 12-2　溶解热测定装置图

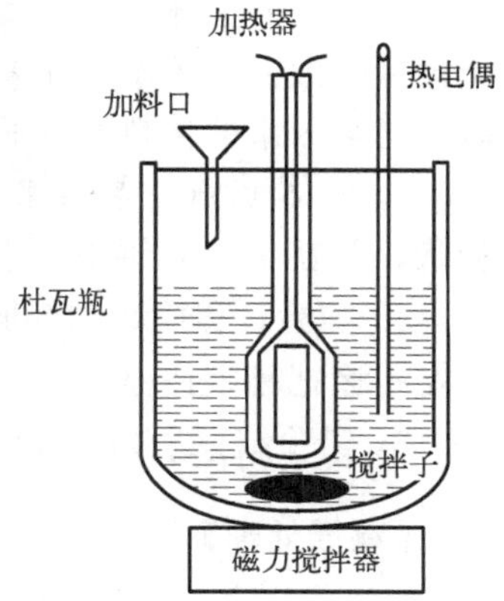

图 12-3　量热器内部示意图

【实验步骤】

1. 用烧杯量取 200 mL 水，倒入量热器的杜瓦瓶中。

2. 打开数字恒流电源，将量热器上加热器插头与恒流电源输出相接，将传感器与 SWC-ⅡD 温度温差仪接好并插入量热器中。按图 12-4 连好线路。

3. 称取样品质量分别为 1.25 g、0.75 g、1.25 g、1.25 g、1.75 g、2 g、2 g、2.25 g 已经研细的 KNO_3，称量后应立即将剩余 KNO_3 放入干燥器中。

4. 将数字恒流电源的粗调、细调旋钮逆时针旋到底，打开电源开关，此时，加热器开始加热，调节粗调、细调旋钮，使得电流 I 和电压 U 的乘积 $P=I_1U_1$ 为 2.5 W（初始值）左右。

5. 打开 SWC-ⅡD 温度温差仪电源和搅拌器电源，待量热器中温度加热至高于环境温度 0.5 ℃左右时，按采零键并锁定开始计时，快速将量热器加料口打开，加入编号 1 样

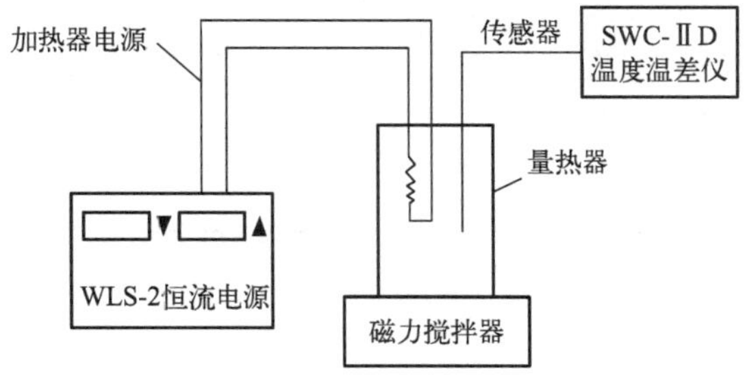

图 12-4　实验连接图

品，此时温差开始变为负温差。

6. 当温差值显示为零时，记录 1 号样品的加热时间 t_1；加入第二份样品，此时温差开始变负，待温差变为零时，再记下加热时间 t_2；再加入第三份样品，以下依次反复，直至所有样品加完，测定完毕。

7. 实验结束后算出溶解热 $Q=I_1Ut$。

【注意事项】

1. 实验过程中要求 I、U 值恒定，故应随时注意调节。

2. 实验时需有合适的搅拌速度，加入样品时速度要加以注意，防止样品进入杜瓦瓶中过速，致使磁子不能正常搅拌；搅拌速度过慢，也会引起实验失败。搅拌速度不适宜时，还会因水的传热性差而导致 Q_S 值偏低，甚至会使 Q_S-n_0 曲线图变形。

3. 固体 KNO_3 易吸水，故称量和加样动作应迅速。固体 KNO_3 在实验前务必研磨成粉状，并在 110 ℃烘干。

4. 实验过程中，加热时间与样品的量是累计的，因而秒表的读数也是累计的，切不可在中途把秒表按停。

5. 实验结束后，杜瓦瓶中不应存在硝酸钾固体，否则需重新做实验。

【数据处理】

1. 根据溶剂的质量和加入溶质的质量，求算溶液的浓度，以 n_0 表示。

$$n_0=\frac{n_{H_2O}}{n_{KNO_3}}=\frac{200.0/18.02}{\sum W_i/g/101.1}=\frac{1122}{\sum W_i/g}$$

2. 按 $Q=IUt$ 公式计算各次溶解过程的热效应。

3. 按每次累积的浓度和累积的热量，求各浓度下溶液的 n_0 和 Q_S。

4. 将以上数据列表并作 Q_S-n_0 图，并从图中求出 $n_0=80$、100、200、300 和 400 处的积分溶解热和微分稀释热，以及 n_0 从 80→100、100→200、200→300、300→400 的积分稀释热。

室温=______℃；压强=______Pa；I=______A；U=______V；IU=______W

序号	W_i/g	$\sum W_i/g$	t/s	Q/J	$Q_S/(J\cdot mol^{-1})$	n_0
1						
2						
3						
4						
5						
6						
7						
8						

【思考与讨论】

1. 本实验的装置是否可测定放热反应的热效应？可否用来测定液体的比热容、水化热、生成热及有机物的混合等热效应？

2. 实验开始时，体系的设定温度比环境温度高 0.5 ℃的目的是什么？

3. 对本实验的装置、线路你有何改进意见？

实验 13　黏度法测定高分子化合物的分子量

【实验目的】

1. 了解黏度法测定高分子化合物分子量的基本原理和公式。

2. 掌握用乌氏（Ubbelohde）黏度计测定高分子化合物溶液黏度的原理与方法。

3. 学会测定葡聚糖的黏均分子量。

【实验原理】

高分子化合物分子量不仅反映了高分子化合物分子的大小，而且直接关系到它的物理性能，是个重要的基本参数。与一般的无机物或低分子的有机物不同，高分子化合物多是分子量大小不同的大分子混合物，所以通常所测高分子化合物分子量是一个统计平均值。

测定高分子化合物分子量的方法很多，而不同方法所得平均分子量也有所不同。比较起来，黏度法设备简单，操作方便，并有很好的实验精度，是常用的方法之一。用该法求得的分子量称为黏均分子量。

高分子化合物稀溶液的黏度是它在流动时内摩擦力大小的反映，这种流动过程中的内摩擦主要有：纯溶剂分子间的内摩擦，记作 η_0；高分子化合物分子与溶剂分子间的内摩擦；高分子化合物分子间的内摩擦。这三种内摩擦的总和称为高分子化合物溶液的黏度，记作 η。实践证明，在相同温度下 $\eta>\eta_0$，为了比较这两种黏度，引入增比黏度的概念，以 η_{sp} 表示：

$$\eta_{sp}=(\eta-\eta_0)/\eta_0=\eta/\eta_0-1=\eta_r-1 \tag{13-1}$$

式中，η_r 为相对黏度，反映的仍是整个溶液的黏度行为；η_{sp} 为扣除了溶剂分子间的内摩擦之后，纯溶剂与高分子化合物分子之间以及高分子化合物分子相互间的内摩擦之和。

高分子化合物溶液的 η_{sp} 往往随浓度 c 的增加而增加。为了便于比较，定义单位浓度的增比黏度 η_{sp}/c 为比浓黏度，定义 $\ln\eta_r/c$ 为比浓对数黏度。当溶液无限稀释时，高分子化合物分子彼此相隔甚远，它们的相互作用可以忽略，此时比浓黏度趋近于一个极限值，即：

$$\lim_{c\to 0}\frac{\eta_{sp}}{c}=\lim_{c\to 0}\frac{\ln\eta_r}{c}=[\eta] \tag{13-2}$$

式中，$[\eta]$ 主要反映了无限稀释溶液中高分子化合物分子与溶剂分子之间的内摩擦作用，称为特性黏度，可以作为高分子化合物分子量的度量。由于 η_{sp} 与 η_r 均是无量纲量，所以 $[\eta]$ 的单位是浓度 c 单位的倒数。$[\eta]$ 的值取决于溶剂的性质及高分子化合物分子的大小和形态，可通过实验求得。因为根据实验，在足够稀的高分子化合物溶液中有如下

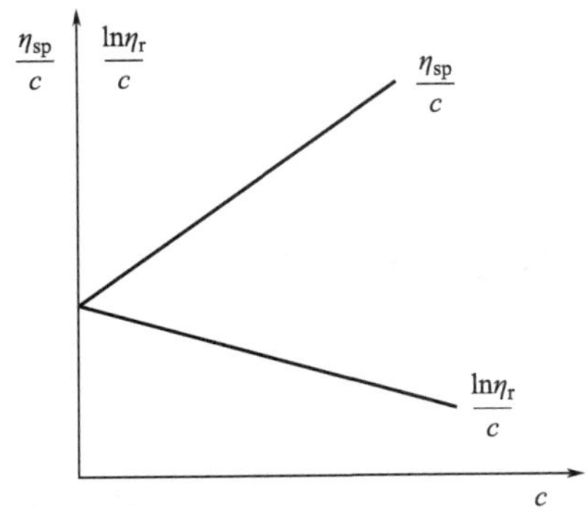

图 13-1　外推法求 $[\eta]$

$$\frac{\eta_{sp}}{c}=[\eta]+\kappa[\eta]^2c \tag{13-3}$$

$$\frac{\ln\eta_r}{c}=[\eta]+\beta[\eta]^2c \tag{13-4}$$

式中，κ 和 β 分别称为 Huggins 和 Kramer 常数，这是两个直线方程，因此获得 $[\eta]$ 的方法如图 13-1 所示：一种是以 η_{sp}/c 对 c 作图，外推到 $c\to0$ 的截距值；另一种是以 $\ln\eta_r/c$ 对 c 作图，也外推到 $c\to0$ 的截距值，两根线应会合于一点，这也可校核实验的可靠性。

在一定温度和溶剂条件下，特性黏度 $[\eta]$ 和高分子化合物分子量 M 之间的关系通常用带有两个参数的 Mark-Houwink 经验方程式来表示：

$$[\eta]=K\overline{M}^{\alpha} \tag{13-5}$$

式中，$\overline{M}$ 为黏均分子量；K 为比例常数；α 是与分子形状有关的经验参数。K 和 α 值与温度、高分子化合物、溶剂性质有关，也和高分子化合物的分子量大小有关。K 值受温度的影响较明显，而 α 值主要取决于高分子化合物线团在某温度下、某溶剂中舒展的程度，其数值介于 0.5～1 之间。K 与 α 的数值可通过其他绝对方法确定，例如渗透压法、光散射法等，从黏度法只能测定得 $[\eta]$。

由上述可以看出高分子化合物分子量的测定最后归结为特性黏度 $[\eta]$ 的测定。本实验采用毛细管法测定黏度，通过测定一定体积的液体流经一定长度和半径的毛细管所需时间而获得。所使用的乌氏黏度计如图 13-2 所示，当液体在重力作用下流经毛细管时，其遵守泊肃叶（Poiseuille）定律：

$$\frac{\eta}{\rho}=\frac{\pi hgr^4t}{8VL}-m\frac{V}{8\pi Lt} \tag{13-6}$$

式中，η 为液体的黏度；ρ 为液体的密度；L 为毛细管的长度；r 为毛细管的半径；t 为 V 体积的液体流出毛细管的时间；h 为流过毛细管液体的平均液柱高度；V 为流经毛细管的液体体积；m 为毛细管末端校正的参数（一般在 $r/L\ll1$ 时，可以取 $m=1$）。

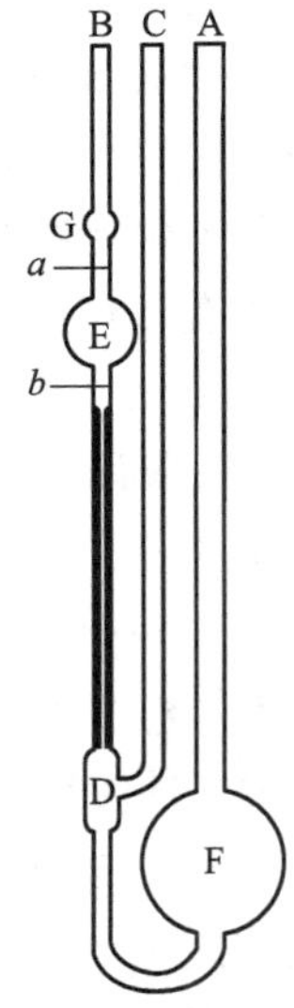

图 13-2　乌氏黏度计

对于某一只指定的黏度计而言，式(13-6)中许多参数是一定的，因此可以改写成：

$$\frac{\eta}{\rho}=At-\frac{B}{t} \tag{13-7}$$

式中，$B<1$，当流出的时间 t 在 2 min 左右（大于 100 s），该项（亦称动能校正项）可以忽略，即 $\eta=A\rho t$。

又因通常测定是在稀溶液（$c<1\times10^{-2}\,g\cdot cm^{-3}$）中进行，溶液的密度和溶剂的密度近似相等，因此可将 η_r 写成：

$$\eta_r=\frac{\eta}{\eta_0}=\frac{t}{t_0} \tag{13-8}$$

式中，t 为测定溶液黏度时液面从 a 刻度流至 b 刻度的时间；t_0 为纯溶剂流过的时间。所以通过测定溶剂和溶液在毛细管中的流出时间，从式(13-8) 求得 η_r，再由图 13-1 求得 $[\eta]$。

【实验仪器与药品】

仪器：恒温槽 1 套，乌氏黏度计 1 支，移液管 10 mL 2 支、5 mL 1 支，停表 1 只，洗耳球 1 只，螺旋夹 1 个，橡皮管（约 5 cm 长）2 根，铁架台 1 个，铁夹 2 个。

药品：葡聚糖溶液、纯净水。

【实验步骤】

1. 黏度计的洗涤

先用热洗液（经砂心漏斗过滤）将黏度计浸泡，再用自来水、蒸馏水分别冲洗几次，每次都要注意反复流洗毛细管部分，洗好后烘干备用。

2. 调节恒温槽温度至 (25.0±0.1)℃，在黏度计的 B 管和 C 管上都套上橡皮管，然后将其垂直放入恒温槽，使水面完全浸没 G 球。

3. 溶液流出时间 t 的测定

用移液管分别吸取已知浓度的葡聚糖溶液 10 mL，由 A 管注入黏度计中，在 C 管处用洗耳球打气，使得溶液混合均匀，再恒温数分钟，进行测定。

测定方法如下：先用夹子夹住 C 管上的橡皮管，使其不通大气，在 B 管处用洗耳球将溶液从 F 球经 D 球、毛细管、E 球抽至 G 球 2/3 处，解去 C 管夹子，让 C 管通大气，此时 D 球内的溶液即回入 F 球，使毛细管以上的液体悬空。毛细管以上的液体下落，当液面流经刻度 a 时，立即按停表开始记时间，当液面降至刻度 b 时，再按停表，测得刻度 a、b 之间的液体流经毛细管所需时间。重复这一操作至少三次，它们间相差不大于 0.3 s，取三次的平均值为 t_1。

然后依次由 A 管用移液管加入 2 mL、3 mL、5 mL、10 mL 纯净水，将溶液稀释，使溶液浓度分别为 c_2、c_3、c_4、c_5，用同法测定每份溶液流经毛细管的时间 t_2、t_3、t_4、t_5。应注意每次加入纯净水后，要充分混合均匀，并抽洗黏度计的 E 球和 G 球，使黏度计内溶液各处的浓度相等。

4. 溶剂流出时间 t_0 的测定

用蒸馏水洗净黏度计，尤其要反复流洗黏度计的毛细管部分。用同法测定溶剂流出的时间 t_0。

实验结束后，黏度计一定要用蒸馏水洗干净。

【注意事项】

1. 高分子化合物在溶剂中溶解缓慢，配制溶液时必须保证其完全溶解，否则会影响溶液起始浓度，而导致结果偏低。

2. 黏度计必须洁净，高分子化合物溶液中若有絮状物，则不能将它移入黏度计中。

3. 本实验溶液的稀释是直接在黏度计中进行的，因此每加入一次溶剂进行稀释时必须混合均匀，并抽洗 E 球和 G 球。

4. 实验过程中恒温槽的温度要恒定，溶液每次稀释后，须恒温后才能测量。

5. 黏度计要垂直放置，安装牢固，实验过程中不要振动黏度计，否则影响结果的准确性。

【数据处理】

1. 将所测的实验数据及计算结果填入下表中。

室温：________℃；大气压：________kPa；

原始溶液浓度 c_0：________$g \cdot cm^{-3}$；恒温温度：________℃

$c/(g \cdot cm^{-3})$	t_1/s	t_2/s	t_3/s	$t_{平均}/s$	η_r	$\ln\eta_r$	η_{sp}	η_{sp}/c	$\ln\eta_r/c$
c_1									
c_2									
c_3									
c_4									
c_5									

2. 作 η_{sp}/c-c 及 $\ln\eta_r/c$-c 图，并外推到 $c \to 0$ 求得截距，由截距求出 $[\eta]$。由式(13-5)计算葡聚糖的黏均分子量 $\overline{M}^{\alpha}$（25 ℃时，右旋糖酐水溶液的参数 $K=9.22\times10^{-2}$ $cm^3 \cdot g^{-1}$，$\alpha=0.5$）。

3. 黏度测定中异常现象的近似处理。在严格操作的情况下，有时会出现图 13-3 所示的异常现象，目前不能清楚地解释其原因，只能做一些近似处理。式(13-3) 物理意义明确，其中 κ 和 η_{sp}/c 值与高分子化合物结构（如高分子化合物的多分散性及高分子链的支化等）和形态有关；式(13-4) 则基本上是数学运算式，含义不太明确。因此，图中的异常现象一般以 η_{sp}/c-c 的关系为基准来求得高分子化合物溶液的特性黏度 $[\eta]$。

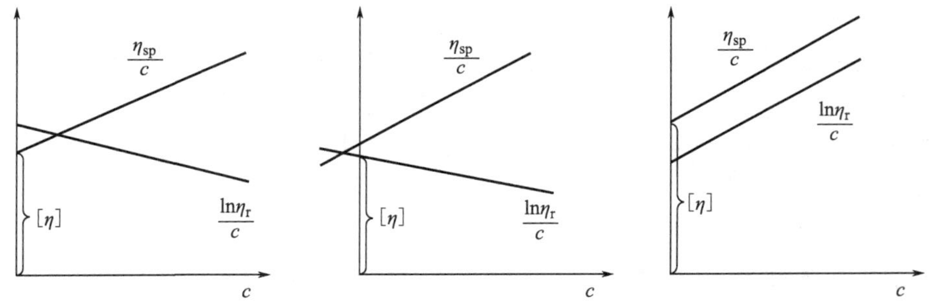

图 13-3 测定中的异常现象示意图

【思考与讨论】

1. 与奥氏黏度计相比，乌氏黏度计有何优点？本实验能否用奥氏黏度计？
2. 乌氏黏度计中支管 C 有何作用？除去支管 C 是否可测定黏度？
3. 黏度计的毛细管太粗或太细有什么缺点？
4. 为什么用 $[\eta]$ 来求算高分子化合物的分子量？它和纯溶剂黏度有无区别？
5. 分析 η_{sp}/c-c 及 $\ln\eta_r/c$-c 作图缺乏线性的原因？

附：

1. 黏度法测高分子化合物溶液分子量时，常用名词的物理意义如表 13-1 所示。

表 13-1　常用黏度相关名词的物理意义

符号	名称与物理意义
η_0	纯溶剂的黏度，溶剂分子与溶剂分子间的内摩擦表现出来的黏度
η	溶液的黏度，溶剂分子与溶剂分子之间、高分子化合物与高分子化合物之间和高分子化合物与溶剂分子之间，三者内摩擦的综合表现
η_r	相对黏度，$\eta_r=\eta/\eta_0$，溶液黏度与溶剂黏度的相对值
η_{sp}	增比黏度，$\eta_{sp}=(\eta-\eta_0)/\eta_0=\eta/\eta_0-1=\eta_r-1$，反映了高分子化合物与高分子化合物之间、纯溶剂与高分子化合物之间的内摩擦效应
η_{sp}/c	比浓黏度，单位浓度下所显示出的黏度
$[\eta]$	特性黏度，$\lim\limits_{c \to 0}\dfrac{\eta_{sp}}{c}=[\eta]$，反映了高分子化合物与溶剂分子之间的内摩擦

2. 高分子化合物的平均分子量因测定原理与计算方法的不同而异，各种测定方法和适用范围如表 13-2 所示。其中黏度法设备简单，操作方便，有相当好的实验精度，但黏度法不是测分子量的绝对方法，因为此法中所用的特性黏度与分子量的经验方程是要用其他方法来确定的，高分子化合物不同、溶剂不同、分子量范围不同，就要用不同的经验方程式。

表 13-2　各种平均分子量测定法的比较

方法名称	适用分子量范围	平均分子量类型	方法类型
黏度法	$10^4\sim10^7$	黏均分子量	相对法
端基分析法	$<3\times10^4$	数均分子量	绝对法
沸点升高法	$<3\times10^4$	数均分子量	相对法
凝固点降低法	$<5\times10^3$	数均分子量	相对法
气相渗透压法(VPO)	$<3\times10^4$	数均分子量	相对法
膜渗透压法	$2\times10^4\sim1\times10^6$	数均分子量	绝对法
光散射法	$2\times10^4\sim1\times10^7$	重均分子量	绝对法
超速离心沉降速度法	$1\times10^4\sim1\times10^7$	各种平均分子量	绝对法
超速离心沉降平衡法	$1\times10^4\sim1\times10^6$	重均分子量、数均分子量	绝对法
凝胶渗透色谱法	$1\times10^3\sim5\times10^6$	各种平均分子量	相对法

实验 14　过氧化氢催化分解反应速率常数的测定

【实验目的】

1. 熟悉一级反应的特点。

2. 测定过氧化氢催化分解反应的速率常数和半衰期。

3. 了解催化剂对过氧化氢分解反应速率的影响。

【实验原理】

化学反应速率取决于反应物浓度、温度、反应压力、催化剂、搅拌速率等因素。凡是反应速率与反应浓度的一次方成正比的反应称为一级反应。实验证明 H_2O_2 的分解反应为一级反应。在常温下，无催化剂存在时反应进行得较慢，若加入碘离子作催化剂，则可加速，且反应速率与碘离子浓度成正比。1994 年 Bredig 和 Nalton 建议采用下面的反应机理。

$$H_2O_2+I^- \longrightarrow IO^- + H_2O(\text{慢}) \tag{14-1}$$

$$H_2O_2+IO^- \longrightarrow I^- + O_2 + H_2O(\text{快}) \tag{14-2}$$

因反应(14-1)较反应(14-2)慢得多，因而式(14-1)是决速步骤，反应速率方程可写成：

$$-\mathrm{d}c_{H_2O_2}/\mathrm{d}t=k'c_{H_2O_2}c_{I^-}$$

在反应过程中 I^- 不断再生，故其浓度可视为不变，上式可简写为：

$$-\mathrm{d}c_{H_2O_2}/\mathrm{d}t=kc_{H_2O_2} \tag{14-3}$$

式中，$k=k'c_{I^-}$，k 与催化剂浓度成正比。当 c_{I^-} 不变时，k 为反应速率常数。这是一个一级反应。用 c_0 表示 H_2O_2 的初始浓度，c 表示 t 时刻 H_2O_2 的浓度，积分式(14-3)得

$$\ln(c/c_0)=-kt \tag{14-4}$$

在 H_2O_2 的催化分解过程中，t 时刻 H_2O_2 的浓度 c 可通过测量相应的时间分解释放出的氧气体积得出。因分解反应过程中，放出氧气的体积与分解的 H_2O_2 浓度成正比，其比例常数为定值。

令 V_∞ 表示 H_2O_2 全部分解释放出的 O_2 的体积；V_t 表示反应至 t 时刻放出的 O_2 体积，则 $c_0 \propto V_\infty$，$c \propto (V_\infty - V_t)$，将该式代入式(14-4)得：

$$\ln[(V_\infty - V_t)/V_\infty]=-kt \tag{14-5}$$

或

$$\ln(V_\infty - V_t)=-kt+\ln V_\infty \tag{14-6}$$

如果以 $\ln(V_\infty - V_t)$ 对 t 作图得一直线，即可验证是一级反应，由直线的斜率就可以求出反应速率常数 k，由反应的半衰期公式 $t_{1/2}=\ln 2/k=0.693/k$ 可求得半衰期 $t_{1/2}$。

V_∞ 可采用三种方法求取：

① 外推法。以 $1/t$ 为横坐标，V_t 为纵坐标作图，将直线外推至 $1/t=0$，其截距即为 V_∞。

② 加热法。在测定若干个 V_t 的数据后，将 H_2O_2 溶液加热至 50～60 ℃约 15 min，可以认为 H_2O_2 已基本分解。待完全冷却后，记下量气管的读数，即为 V_∞。

③ 用 $KMnO_4$ 溶液滴定 H_2O_2 溶液来求算 V_∞。本实验采取此方法求 V_∞。

反应产生的 O_2 近似按理想气体处理，V_∞ 由理想气体状态方程 $PV=nRT$ 求出。其中 $n=n_o V_{H_2O_2}$，而 n_o 为 1 mL H_2O_2 溶液完全分解时所放出 O_2 的物质的量，它由所消耗的 $KMnO_4$ 的体积求得。

由式$(p-h)V_\infty=n_o V_{H_2O_2}RT$，可求 V_∞。式中，T 为量气管的温度，K；h 为在温度 T 时水的饱和蒸气压；p 为大气压；$R=8.314\ \mathrm{J\cdot K^{-1}\cdot mol^{-1}}$。

化学反应速率随温度的提高而加快，对一般反应及某些复杂反应温度与反应速率的定

量关系由阿伦尼乌斯方程表示：

$$k = A e^{-E/RT} \tag{14-7}$$

$$\ln k = -E/RT + \ln A \tag{14-8}$$

式中，E 为反应活化能，$kJ \cdot mol^{-1}$；T 为热力学温度，K。由实验测得不同温度下的速率常数 k 值，以 $\ln k$ 对 $1/T$ 作图得一直线，由斜率可求得活化能数值。

【实验仪器与药品】

仪器：恒温槽 1 台、电磁搅拌器 1 个、2 mL 移液管 1 支、5 mL 移液管 1 支、10 mL 移液管 2 支、100 mL 容量瓶 1 个、10 mL 量筒 1 个、250 mL 锥形瓶 2 个、50 mL 酸式滴定管 1 个。

药品：30%的 H_2O_2 溶液（新鲜配制）、$MnSO_4$ 饱和溶液、$KMnO_4$ 标准液、3 $mol \cdot L^{-1}$ H_2SO_4、0.1 $mol \cdot L^{-1}$ KI 溶液。

【实验装置】

过氧化氢分解实验装置如图 14-1 所示。

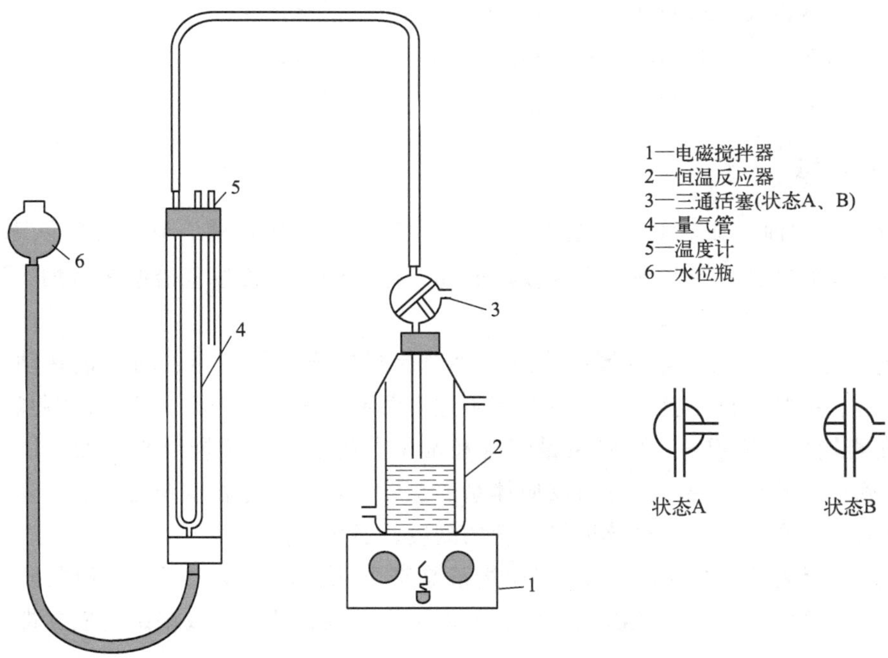

图 14-1　过氧化氢分解实验装置

【实验步骤】

1. 如图 14-1 组装仪器。

2. 用移液管吸取 30% H_2O_2 溶液 10 mL 置于 100 mL 容量瓶中，稀释至刻度，摇匀，即得实验用 H_2O_2 溶液。

用移液管吸取此液 2 mL 放入锥形瓶中，用 10 mL 量筒加入 10 mL 的 3 $mol \cdot L^{-1}$ H_2SO_4 和几滴 $MnSO_4$ 溶液（Mn^{2+} 作催化剂），用 $KMnO_4$ 标准液滴定。反应方程式如下：

$$5H_2O_2+2MnO_4^-+6H^+ = 2Mn^{2+}+5O_2+8H_2O$$

溶液由无色至微红色为滴定终点，记下消耗的 $KMnO_4$ 体积。

3. 检漏及调节仪器零点

将三通活塞旋至状态 B，水位瓶放到最低位置，如果两量气管液差保持不变，则认为不漏气。

将三通活塞旋至状态 A，调节水位瓶位置，使液面对准量气管 0 刻度。

4. 调节温度至 293.2 K，洗净反应瓶，沿壁轻轻放入磁搅拌子，夹正反应瓶，将三通活塞旋至 A 状态，分别用移液管加入 H_2O_2 溶液，再加入 KI 溶液，迅速塞紧胶塞，将三通活塞旋至 B 状态，开动电磁搅拌器，搅拌子转起立刻开始计时。在反应过程中，水位瓶要慢慢地移动，以保持两量气管和水位瓶的液面在同一平面上。记下每放出 2 mL（或 5 mL）O_2 的时间。

依次按照下面 5 个条件（注意，使用前面配制的 30% H_2O_2 溶液）记录量气管的温度及当时的大气压：

① 293.2 K，10 mL H_2O_2+5 mL 0.1 $mol\cdot L^{-1}$ KI+5 mL H_2O；

② 293.2 K，10 mL H_2O_2+10 mL 0.1 $mol\cdot L^{-1}$ KI；

③ 298.2 K，10 mL H_2O_2+10 mL 0.1 $mol\cdot L^{-1}$ KI；

④ 303.2 K，10 mL H_2O_2+10 mL 0.1 $mol\cdot L^{-1}$ KI；

⑤ 308.2 K，10 mL H_2O_2+10 mL 0.1 $mol\cdot L^{-1}$ KI。

【注意事项】

1. 反应开始前，加入 H_2O_2 溶液和 KI 溶液时，动作要迅速，确保在加入 KI 溶液的同时迅速塞紧胶塞并开始计时，避免反应时间延迟。同时，要注意沿壁轻轻加入溶液，避免溶液溅出或产生过多气泡。

2. 搅拌操作中，开动电磁搅拌器后，要确保搅拌子能够平稳、均匀地转动，使反应液充分混合。搅拌速度不宜过快，以免产生过多气泡影响反应进程和氧气的测量。

3. 在测量氧气体积时，要确保量气管和水位瓶的液面处于同一水平面，以保证测量结果的准确性。同时，要注意保持反应体系的温度恒定，避免温度变化对氧气体积产生影响。记录氧气体积时，要准确读取量气管的刻度，避免读数误差。

4. H_2O_2 溶液具有腐蚀性，$KMnO_4$ 溶液具有氧化性，操作过程中要佩戴防护手套和护目镜，避免溶液接触皮肤或溅入眼睛。如果不小心接触到皮肤或眼睛，应立即用大量清水冲洗，并及时就医。

【数据处理】

1. V_∞的计算：由式$(p-h)V_\infty=n_0V_{H_2O_2}RT$，可求 V_∞。

2. 求 k：以 $\ln(V_\infty-V_t)$ 为纵坐标，t 为横坐标作图，可得一条直线，证明此反应是一级反应。由直线斜率 m 求得反应速率常数 k，$k=-m$。

3. 求活化能 E：以 $\ln k$ 为纵坐标，$1/T$ 为横坐标作图得一直线，由直线斜率 n 可求活化能 E。

$$E/(kJ\cdot mol^{-1})=-8.314\times n\times 0.001$$

【思考与讨论】

1. 读取氧气体积时，量气管及水位瓶中水面处于同一水平面的作用是什么？
2. 实验过程中搅拌速度为什么要保持恒定？搅拌速度的快慢对实验结果有无影响？
3. 指出反应速率常数 k 的有效数字及本实验的误差来源。

实验 15　$Fe(OH)_3$ 胶体制备、纯化及电动电位的测定

【实验目的】

1. 掌握溶胶制备的简单方法及纯化方法。
2. 熟悉溶胶的基本性质。
3. 掌握由电泳法测定溶胶电动电位的方法。

【实验原理】

固体以胶体分散程度分散在液体介质中即得溶胶。溶胶的基本特征有：

① 多相体系，相界面很大；

② 高分散度，胶粒大小在 1～100 nm 之间；

③ 热力学不稳定体系，有相互聚结而降低表面积的倾向。

溶胶的制备方法可分为分散法和凝聚法。分散法是用适当方法把较大的物质颗粒变为胶体大小的质点，如机械法、电弧法、超声波法、胶溶法等；凝聚法是先制成难溶物分子（或离子）的过饱和溶液，再使之相互结合成胶体粒子而得到溶胶，如物质蒸气凝结法、变换分散介质法、化学反应法等。

$Fe(OH)_3$ 溶胶的制备就是采用化学反应法使生成物呈过饱和状态，然后粒子再结合成溶胶。

$$FeCl_3 + 3H_2O \longrightarrow Fe(OH)_3 + 3HCl$$

过量的 $FeCl_3$ 起到稳定剂的作用。

由 m 个 $Fe(OH)_3$ 分子聚集成的固体粒子选择性地吸附了 Fe^{3+} 形成带正电荷的胶核，溶液中的反离子 Cl^- 依靠静电作用分散在胶核周围，靠近胶核表面 1～2 个分子厚度区域内的 Cl^- 受到胶核的强烈吸引，牢固地结合在胶核表面形成紧密层，其余的 Cl^- 形成扩散层。$Fe(OH)_3$ 溶胶胶团的双电层结构如右图所示，其中，AB 虚线是胶粒移动时滑动面的位置。

$$\underbrace{\underbrace{\{\underbrace{[Fe(OH)_3]_m\, nFe^{3+}}_{\text{胶核}}\cdot(3n-x)Cl^-\}^{x+}}_{\text{胶粒}}\overset{A}{\underset{B}{\vdots}}\, xCl^-}_{\text{胶团}}$$

反应后得到的体系中，含有过量的电解质如 Fe^{3+} 和 Cl^-，还有许多杂质离子，对溶胶的稳定性不利，需要纯化除去。常采用半透膜袋进行渗析，将小的无机分子从体系中分离出来，从而达到胶体纯化的目的。

在外加电场的作用下，带电的胶粒会向一定的方向移动，这种现象称为电泳。在胶体

溶液中，分散在介质中的微粒由于自身的电离或表面吸附其他粒子而形成带一定电荷的胶粒，同时在胶粒附近的介质中必然分布有与胶粒表面电性相反而电荷数量相同的反离子，形成一个扩散双电层。双电层分为紧密层（吸附层）和扩散层，胶核为固相，胶核表面上带电的离子称为决定电位的离子（定位离子），溶液中的部分反离子因静电引力紧密地吸附排列在定位离子附近，紧密层由决定电位的离子和这部分反离子构成，紧密层和胶核组成了胶粒，胶粒移动时紧密层随之一起运动，紧密层的外界面称为滑移界面，滑移界面以外为扩散层。在胶团中，胶核为固相，吸附层和扩散层为液相。从胶核表面到扩散层终端（溶液内部电中性处）的总电位称为表面电位，从滑移界面到扩散层终端的电位称为电动电位或 ζ 电位。ζ 电位在该扩散层内以指数关系减小。扩散层越厚，ζ 电位也越大，溶胶越稳定。

原则上，任何一种胶体的电动现象（电泳、电渗、液流电位、沉降电位）都可以用来测定 ζ 电位，但用电泳法来测定更方便。

电泳法测定胶体 ζ 电位可分为两类，即宏观法和微观法。宏观法原理是观察与另一不含胶粒的辅助液体的界面在电场中的移动速度。微观法则是直接测定单个胶粒在电场中的移动速度。对于高分散度的溶胶，如 $Fe(OH)_3$ 胶体，不易观察个别粒子的运动，只能用宏观法。对于颜色太浅或浓度过稀的溶胶，则适宜用微观法。本实验采用宏观法。

宏观法测定 $Fe(OH)_3$ 的 ζ 电位时，首先在U形管中放入棕红色的 $Fe(OH)_3$ 溶胶，然后缓慢地在溶胶面上注入无色的辅助溶液，使溶胶和溶液之间有明显的界面，在U形管的两端各放一根电极，通电一定时间后，可观察到溶胶与溶液的界面在一端上升，另一端下降。胶体的 ζ 电位可依如下电泳公式计算得到：

$$\zeta=\frac{K\pi\eta}{\varepsilon}\times\frac{S/t}{U/L} \tag{15-1}$$

式中，K 为与胶粒形状有关的常数（球形为 $5.4\times10^{10}\,V^2\cdot S^2\cdot kg^{-1}\cdot m^{-1}$，棒形粒子为 $3.6\times10^{10}\,V^2\cdot S^2\cdot kg^{-1}\cdot m^{-1}$）；$\eta$ 为分散介质的黏度，Pa·s；ε 为分散介质的相对介电常数；U 为加于电泳测定管两端的电压，V；L 为两电极之间的距离，m；S 为电泳管中胶体溶液界面在 t 时间（s）内移动的距离，m；S/t 表示电泳速度，$m\cdot s^{-1}$。式中 S、t、E、L 均可由试验测得。

【实验仪器与药品】

仪器：电泳测定管1套、直流稳压器1台、电导率仪1台、pH计1台、滴定管1支、铂电极2根、停表1块、直尺1把、软线50 cm、电炉1台、1000 mL烧杯1个、300 mL烧杯1个、300 mL锥形瓶1个、100 mL量筒1个、100 mL烧杯2个、50 mL烧杯6个、50 mL锥形瓶3个、10 mL刻度移液管2支、1 mL刻度移液管2支、试管12支、胶头滴管5支。

药品：10% $FeCl_3$ 溶液、3 $mol\cdot L^{-1}$ HCl溶液、火棉胶、蒸馏水。

【实验装置】

电泳测定装置图见图15-1。

【实验步骤】

1. 水解法制备 $Fe(OH)_3$ 溶胶

量取 150 mL 蒸馏水，置于 300 mL 烧杯中，先煮沸 2 min，用刻度移液管移取 10% $FeCl_3$ 溶液 30 mL，逐滴加入沸水中，并不断搅拌，继续煮沸 3 min，得到棕红色 $Fe(OH)_3$ 溶胶。冷却后待用。

2. $Fe(OH)_3$ 溶胶的纯化

(1) 制备半透膜　为了纯化已制备好的溶胶，需要用半透膜。选择一个 300 mL 内壁光滑的锥形瓶，洗涤烘干，倒入约 20 mL 火棉胶溶液，小心转动锥形瓶，使火棉胶均匀地在瓶内形成一薄层，倒出多余的火棉胶，倒置烧瓶于铁圈上，流尽多余的火棉胶，并让乙醚蒸发，直至用手指轻轻接触火棉胶膜而不黏着为止。然后加水入瓶内至满，浸膜于水中约 10 min，倒去瓶内的水。再在瓶口剥开一部分膜，在此膜与玻璃瓶壁间灌水至满，膜即脱离瓶壁，轻轻地取出所形成的膜袋，检查是否有漏洞。

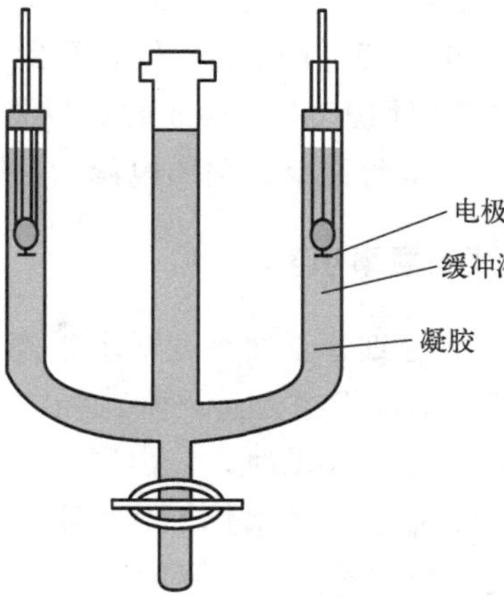

图 15-1　电泳测定装置图

(2) 纯化　把水解法制得的溶胶置于半透膜袋内，用线拴住袋口，置于 1000 mL 烧杯中，加 500 mL 蒸馏水，保持温度 60～70 ℃，进行热渗析。每半小时换一次水，并取出少许蒸馏水检验其中的 Cl^- 和 Fe^{3+}，直到不能检出离子为止。纯化好的溶胶冷却后保存备用。

3. 电泳实验

(1) 配制辅助液　用电导率仪测定纯化好的 $Fe(OH)_3$ 溶胶的电导率，然后向一个 100 mL 的小烧杯中加入蒸馏水，用滴管逐滴滴入 3 $mol \cdot L^{-1}$ 的 KCl 溶液，并测量此溶液的电导率，使其电导率与溶胶的电导率相等，此稀溶液即为待用的辅助液。

(2) 装溶胶，连接线路　将经过纯化后的溶胶从电泳管的漏斗处加入，到半漏斗处，慢慢打开活塞，赶走气泡，然后关闭（若有溶胶进入 U 形管中，应用辅助液荡洗干净，关好漏斗塞及活塞，把辅助液倒干）。向 U 形管中加入辅助液到刻度 10 左右。把电泳管夹好固定在铁架上并使其垂直。

把铂电极插入 U 形管中，打开漏斗塞，然后慢慢打开活塞（注意一定要慢）使胶体溶胶非常缓慢地上升，直到 U 形管两边胶体溶液上升至有刻度处，具有清晰的界面，且铂电极铂片浸入辅助液 1 cm 左右时，关闭活塞。

(3) 在不同的外加电压下测定 ζ 电位，探讨不同外加电压的影响。

打开电泳仪电源开关，调节电压为 100 V，读出负极（或正极）界面所在的刻度，并同时按下停表计时，直到界面移动 0.5 cm，记下停表的时间、界面移动的准确距离、电压。用同样方法再测一次，求平均值。记下两铂电极的距离 L。测定如下条件下的 ζ 电位。

① 调节不同电压，测定 ζ 电位，探讨不同电压的影响（参考 150 V、200 V）。

② 改变电泳时间，测定 ζ 电位，探讨不同电泳时间的影响（参考 2 min、4 min、6 min 等）。

③ 改变溶胶的浓度，测定 ζ 电位，探讨不同溶胶浓度的影响（参考溶胶浓度：原浓

度、原浓度的 1/2、原浓度的 1/4)。

④ 改变辅助液的 pH 值测定 ζ 电位，探讨不同辅助液的影响（除 HCl 水溶液外，还可参考使用 KCl、NaCl 的水溶液作辅助液）。

4. 实验结束，关闭电源，回收胶体溶液，整理实验用品。

【注意事项】

1. 毛细管干净程度要求很高，否则可能发生胶体凝聚，导致毛细管堵塞，故一定要将仪器清洗干净。

2. 界面移动时，应由同一个人观察，从而减小误差。

3. 辅助液的选择十分重要，要求辅助液的电导率与溶胶的一致，避免因界面处电场强度的突变造成两臂界面移动速度不等产生界面模糊。

【数据处理】

实验前温度：________℃　　大气压：________kPa

实验后温度：________℃　　大气压：________kPa

两极间距离 L：__________cm

电极距离 L/cm			
介电常数 ε/(V·m)			
分散介质黏度 η/(Pa·s)			
溶胶电导率 κ/(μs·cm^{-1})			
电导液电导率 κ/(μs·cm^{-1})			
不同电压 U/V			
ζ 电位/V			
不同电泳时间 t/s			
ζ 电位/V			
不同溶胶浓度 c/(mol·L^{-1})			
ζ 电位/V			
不同辅助液浓度 c/(mol·L^{-1})			
ζ 电位/V			

【思考与讨论】

1. 影响电泳速度快慢的因素有哪些？

2. 胶粒为什么带电？如何判断胶粒所带电荷的符号？

3. 为什么所用辅助液与溶胶的电导要一致？

实验 16　乙酸乙酯皂化反应速率常数的测定

【实验目的】

1. 掌握电导法测定反应速率常数的原理和方法。
2. 了解二级反应的特点，学会用图解计算法求二级反应的速率常数。
3. 用电导法测定乙酸乙酯皂化反应的速率常数，了解反应活化能的测定方法。

【实验原理】

对于二级反应

$$A+B \longrightarrow 产物$$

如果 A、B 两物质起始浓度相同，均为 c_0，则反应速率方程表示为：

$$\frac{dx}{dt}=k(c_0-x)^2 \tag{16-1}$$

式中，x 为 t 时刻生成物的浓度。将式(16-1) 定积分得：

$$k=\frac{1}{t}\left[\frac{x}{c_0(c_0-x)}\right] \tag{16-2}$$

以 $\frac{x}{c_0-x}$ 对 t 作图，若所得为直线，则说明此反应是二级反应，并可以从直线的斜率求出速率常数 k。所以在反应进行过程中，只要能够测出反应物或生成物的浓度，即可求得该反应的速率常数 k。

温度对化学反应速率的影响常用阿伦尼乌斯方程描述：

$$\frac{d\ln k}{dT}=\frac{E_a}{RT^2} \tag{16-3}$$

式中，E_a 为反应的活化能。假定活化能是常数，测定了两个不同温度下的速率常数 k_1 和 k_2 后可以按式(16-3) 计算反应的活化能 E_a。

$$E_a=\ln\frac{k_2}{k_1}\times R\times\frac{T_1T_2}{T_2-T_1} \tag{16-4}$$

乙酸乙酯皂化反应是一个典型的二级反应，其反应式为：

$$CH_3COOC_2H_5+OH^- \rightleftharpoons CH_3COO^-+C_2H_5OH$$

在反应过程中，各物质的浓度随时间而变。某一时刻的 OH^- 浓度可用标准酸进行滴定求得，也可通过测定溶液的某些物理性质而得到。本实验使用电导率仪测量皂化反应进程中体系电导随时间的变化，在整个反应系统中可近似认为乙酸乙酯和乙醇是不导电的，反应过程中溶液电导率的变化完全是由于反应物 OH^- 不断被产物 CH_3COO^- 所取代而引起的。而 OH^- 的电导率比 CH_3COO^- 大得多，所以随着反应的进行，OH^- 的浓度不断减小，溶液电导率不断降低。另外，在稀溶液中，每种强电解质的电导率与其浓度成正比，而且溶液的总电导率等于组成溶液的电解质的电导率之和。

基于上述两点假设，再考虑到反应开始时溶液电导率 κ_0 完全取决于 NaOH 浓度，反应结束后的溶液电导率 κ_∞ 完全取决于 CH_3COONa 浓度。若乙酸乙酯皂化反应在稀溶液中进行，则存在如下关系式：

$$\kappa_0 = A_1 c_0 \tag{16-5}$$

$$\kappa_\infty = A_2 c_0 \tag{16-6}$$

$$\kappa_t = A_1(c_0 - x) + A_2 x \tag{16-7}$$

式中，A_1、A_2 分别为与温度、电解质性质和溶剂等因素有关的比例常数；κ_0、κ_t、κ_∞ 分别为反应开始、反应时间为 t 和反应终了时溶液的电导率。

结合式(16-5)～式(16-7)，得

$$x = \frac{\kappa_0 - \kappa_t}{\kappa_0 - \kappa_\infty} \times c_0 \tag{16-8}$$

代入式(16-2)并整理，得

$$\kappa_t = \frac{1}{c_0 k} \times \frac{\kappa_0 - \kappa_t}{t} + \kappa_\infty \tag{16-9}$$

因此，以 κ_t 对 $\frac{\kappa_0 - \kappa_t}{t}$ 作图为一直线，由直线的斜率可求得此反应的速率常数 k；由两个不同温度下测得的速率常数 $k_1(T_1)$ 与 $k_2(T_2)$，可以求出反应的活化能 E_a。

【实验仪器与药品】

仪器：DDS-11A 型电导率仪 1 台、恒温槽 1 套、DJS-1 型电导电极 1 支、反应管 2 只、100 mL 锥形瓶 2 只、100 mL 容量瓶 1 个、20 mL 移液管 3 支。

药品：0.0200 mol·L^{-1} 的 NaOH 溶液、乙酸乙酯（AR)、新鲜去离子水或蒸馏水。

【实验装置】

实验装置如图 16-1 所示。

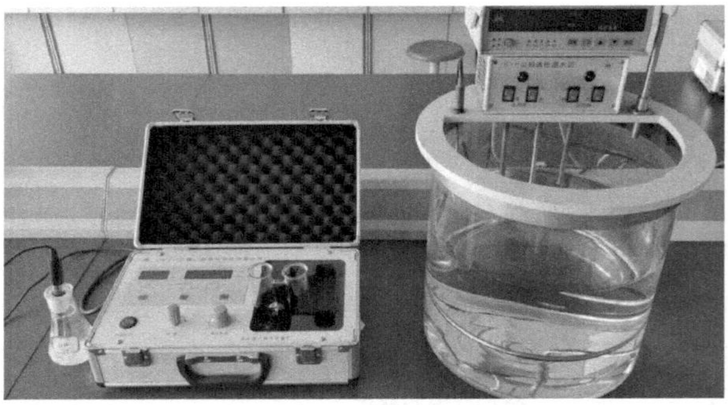

图 16-1　实验装置图

【实验步骤】

1. 仪器准备

学会电导率仪的使用，正确选择其量程。

2. 配制乙酸乙酯溶液

用容量瓶配制 0.0200 mol·L^{-1} 的乙酸乙酯溶液 100 mL（需要乙酸乙酯约 0.1762 g)。

乙酸乙酯密度与温度的关系式：

$$\rho/(\mathrm{kg\cdot m^{-3}})=924.54-1.168t/℃-1.95\times10^{-3}(t/℃)^2 \tag{16-10}$$

式中，ρ、t 的单位分别为 $\mathrm{kg\cdot m^{-3}}$ 和℃。

3. 测量

(1) 调节恒温槽的温度为 (25±0.1)℃。

(2) 安装调节好电导率仪：①电导率仪的量程设置在 20 ms 挡；②对温度进行补偿；③对仪器进行校准，把“校准测量”转换开关置于“校准”处，调节常数旋钮至示值为电导电极常数；④把“校准测量”转换开关置于“测量”处，即可开始测量。

(3) 用移液管量取 20 mL 0.0200 $\mathrm{mol\cdot L^{-1}}$ NaOH 溶液和 20 mL 电导水于 100 mL 锥形瓶中，盖上橡胶塞混匀，在反应管的小管中加入上述配好的 0.02 $\mathrm{mol\cdot L^{-1}}$ NaOH 溶液 20 mL，大管中加入 20 mL 0.0200 $\mathrm{mol\cdot L^{-1}}$ 乙酸乙酯溶液（均盖上橡胶塞）。把它们同时放入已恒温的恒温槽中，恒温 15 min。

(4) κ_0 的测定：用蒸馏水冲洗电导电极，用滤纸吸干电极上的水，把电极插入上述锥形瓶中，测得的电导率即为初始电导率 κ_0。

(5) κ_t 的测定：用蒸馏水冲洗电导电极，用滤纸吸干电极上的水，电极挂在架上待用，待反应管溶液恒温 15 min 后，将氢氧化钠溶液快速混入乙酸乙酯溶液中混匀，并计时，插入电极，测量 κ_t 的值，从计时开始每 2 min 记录一次，30 min 后每 5 min 记录一次，该反应计时约需 1 h 方可停止。

(6) 按照上述方法，测定 30 ℃或 35 ℃时的 κ_0 及 κ_t。

4. 实验结束

清洗仪器，关闭电源，整理桌面。

【数据记录与处理】

室温：________℃　大气压：________Pa

1. 25.0 ℃条件下反应速率常数的测定数据记录及处理。

t/min	$\kappa_t/(\mathrm{mS\cdot cm^{-1}})$	$(\kappa_0-\kappa_t)/(\mathrm{mS\cdot cm^{-1}})$	$\frac{\kappa_0-\kappa_t}{t}/(\mathrm{mS\cdot cm^{-1}\cdot min^{-1}})$

2. 35.0 ℃条件下反应速率常数的测定数据记录及处理。

t/min	$\kappa_t/(\mathrm{mS\cdot cm^{-1}})$	$(\kappa_0-\kappa_t)/(\mathrm{mS\cdot cm^{-1}})$	$\frac{\kappa_0-\kappa_t}{t}/(\mathrm{mS\cdot cm^{-1}\cdot min^{-1}})$

3. 以 κ_t 对 $(\kappa_0-\kappa_t)/t$ 作图，由直线斜率求得反应速率常数。

4. 求此反应在 25 ℃和 35 ℃时的半衰期 $t_{1/2}$ 值。

5. 计算此反应的活化能 E_a。

【注意事项】

1. 实验混合溶液要进行多次混合，使其充分混合均匀。

2. 电导率仪要注意温度补偿并进行多次校正。

3. 反应液在反应的全程要密封。

4. 电极不使用时应浸泡在蒸馏水中，使用时用滤纸轻轻擦干水分，不可用纸擦拭电极上的铂黑。

5. 乙酸乙酯皂化反应在混合后的起始几分钟内所测溶液的电导率不准，因此最好在反应 4～6 min 后开始记录数据。

【思考与讨论】

1. 各溶液在实验操作过程中为什么要密封？

2. 为什么 $CH_3COOC_2H_5$ 和 NaOH 起始浓度必须相同？如果不同，试问怎样计算 k 值？

3. 如何从实验结果验证乙酸乙酯皂化反应是一个二级反应？

4. 被测溶液的电导率是哪些离子的贡献？反应过程中溶液的电导率为何会发生变化？

实验 17　凝固点降低法测定稀溶液中溶质的摩尔质量

【实验目的】

1. 通过测定环己烷凝固点降低值，计算稀溶液中溶质萘的摩尔质量。

2. 掌握凝固点实验装置的使用方法。

3. 通过实验掌握凝固点降低法测定物质摩尔质量的原理，加深对稀溶液依数性的理解。

【实验原理】

物质的摩尔质量是一个重要的数据。凝固点降低法是一种比较简单又准确的测定物质摩尔质量的方法。凝固点降低是理想稀溶液依数性之一，其在生活应用和理论研究中具有重要意义。

非挥发性溶质二组分稀溶液具有依数性，其凝固点降低是其依数性的一种表现。在一定外压下，液体逐渐冷却开始析出固体时的平衡温度称为液体的凝固点。

对于稀溶液，在溶质和溶剂不形成固态溶液的情况下，凝固时只析出固体纯溶剂，这时两相平衡的温度称为溶液的凝固点。根据稀溶液的依数性，溶液的凝固点低于纯溶剂的凝固点，当溶剂的种类和数量确定后，凝固点降低值只取决于所含溶质的分子数目而与溶质的性质无关，这种定量关系如下：

$$\Delta T_f = T_f^* - T_f = K_f b_B \tag{17-1}$$

式中，ΔT_f 为凝固点降低值；T_f^*、T_f 分别为纯溶剂 A 和溶液的凝固点；b_B 为溶质 B 的质量摩尔浓度；K_f 为溶剂的凝固点降低常数。

从式(17-1)可知，凝固点降低值 ΔT_f 与溶质的质量摩尔浓度 b_B 成正比。式中 K_f 的量值仅与溶剂的性质有关，关系如下：

$$K_f=\frac{R(T_f^*)^2M_A}{\Delta_{fus}H_{m,A}^{\ominus}} \tag{17-2}$$

$$b_B=\frac{m_B}{M_B}\times\frac{1}{m_A} \tag{17-3}$$

从上述式(17-1)～式(17-3) 可知，已知 K_f、溶剂质量 m_A 和溶质质量 m_B，再由实验测得 T_f^* 、T_f，便可得溶质 B 的摩尔质量 M_B：

$$M_B=\frac{K_f m_B}{m_A\Delta T_f} \tag{17-4}$$

凝固点降低值的大小，直接反映了溶液中溶质有效质点的数目。如果溶质在溶液中有离解、缔合、溶剂化和配合物生成等情况，这些均影响溶质在溶剂中的表观分子量。因此凝固点降低法也可用来研究溶液的一些其他性质，如电解质的电离度，溶质的缔合度、活度和活度系数等等。

表 17-1 为几种常见溶剂的 T_f^* 和 K_f 值

表 17-1　常见溶剂的 T_f^* 和 K_f 值

溶剂	水	醋酸	苯	萘	环己烷	三溴甲烷
T_f^*/K	273.15	289.75	278.65	353.50	279.65	280.95
K_f/(K·mol^{-1}·kg)	1.86	3.90	5.12	6.9	20.2	14.4

注：摘自南京大学《物理化学》上册。

本实验凝固点的获得是采用步冷法，其原理是将纯溶剂或溶液缓慢均匀冷却，记录系统温度随时间的变化，绘制出步冷曲线，从而获得纯溶剂和稀溶液的凝固点。

纯溶剂缓慢冷却，理论上其步冷曲线如图 17-1 中 1 所示，当有过冷现象发生时，其步冷曲线如图 17-1 中 2 所示。稀溶液缓慢冷却，理论上其步冷曲线如图 17-1 中 3 所示，当有过冷现象时，其步冷曲线如图 17-1 中 4、5 所示。有轻度过冷现象发生时，纯溶剂和溶液的步冷曲线可外推得到 T_f^* 和 T_f（图 17-2）。如果发生严重过冷，会使凝固点的误差变大，因此在测量过程中应尽量控制过冷现象发生，可通过调节搅拌速度和寒剂温度等来控制过冷程度。

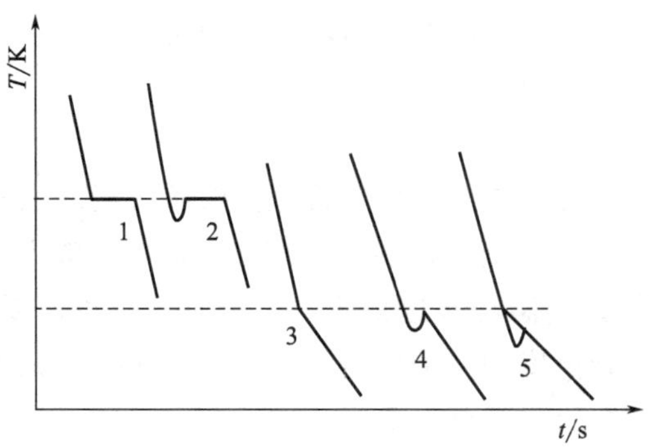

图 17-1　纯溶剂和溶液步冷曲线

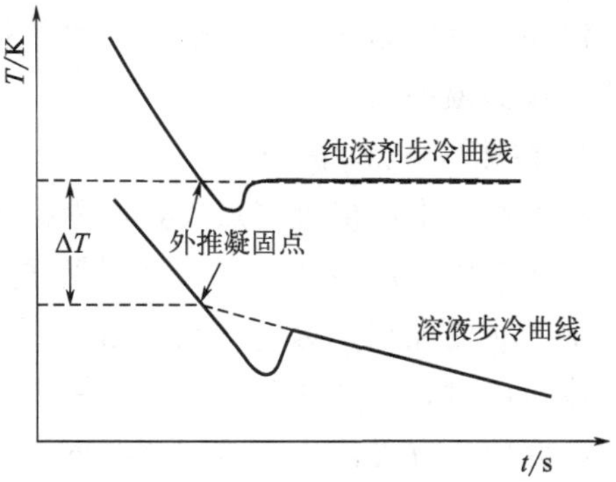

图 17-2　外推法求纯溶剂和溶液的凝固点

【实验仪器与药品】

仪器：SWC-LG 凝固点实验装置、SWC-Ⅱc 数字贝克曼温度计、天平（0.0001 g）、凝固点管、空气套管、大搅拌器、小搅拌器、水浴缸。

药品：环己烷（分析纯）、萘（分析纯）、冰块。

【实验装置】

凝固点实验装置如图 17-3 所示。

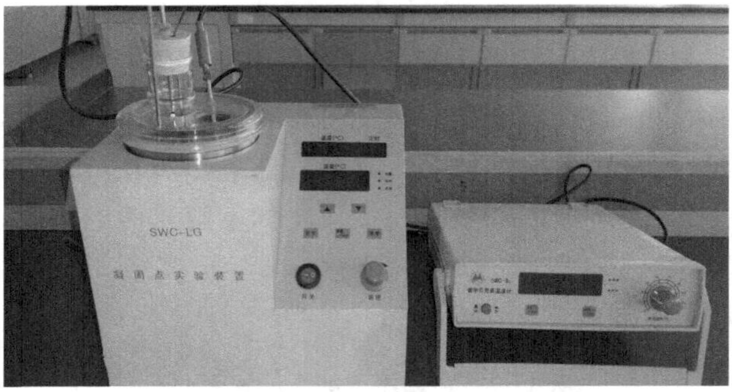

图 17-3　凝固点实验装置图

【实验步骤】

1. 调节寒剂的温度

取适量冰与水混合放入冰水浴槽中，使寒剂温度低于测定物凝固点 3 ℃左右，实验过程中寒剂应保持此温度范围，因此需要不断补充碎冰及搅拌。

2. 仪器安装

将凝固点测定仪安装好，打开电源开关，温度显示为凝固点内管中样品的实时温度，温差显示为实时温度与 20 ℃的差值（当温度低于 10 ℃时，显示的为实时温度）。

3. 粗测凝固点

用移液管移取环己烷 25 mL 加入凝固点管中，加入搅拌子，装上塞子、探头、搅拌器，调节探头和搅拌器在合适的位置，将凝固点管直接插入冰水浴槽中，上下移动搅拌棒，使环己烷的温度逐渐降低。当温差基本不变，此时温度即为环己烷的粗测凝固点，记录此时仪器温差示数。

4. 精测凝固点

从冰水浴中取出凝固点管，用手捂住管壁，使管中固体全部熔化，然后将凝固点管直接插入寒剂中，使冷却至高于粗测凝固点 0.5 ℃时，迅速将凝固点管取出，擦干放入空气套管中，缓慢搅拌，每 15 s 记下相应的温差值。当温度接近粗测凝固点时，应急速搅拌，当固体析出时，温度回升，改为缓慢搅拌，直到温度回升稳定为止，持续 2 min，记下稳定的温度值，方可停止实验。此温度即为环己烷的凝固点，重复此步骤两次。

5. 溶液凝固点的测定

用电子天平精确称取萘 0.2 g 左右，投入上述环己烷中，搅拌至全部溶解后，重复实验步骤 3、4、5，测定溶液的凝固点，重复测定两次。

6. 实验结束

回收试剂，清洗仪器，关闭电源，整理实验台面。

【注意事项】

1. 凝固点管、搅拌器、温度传感器探头要保持干净、干燥，防止环己烷中混入水分。

2. 搅拌器、温度传感器一旦插入装有溶液的凝固点管后，不得将其从管中完全拿出，以免造成溶液浓度发生变化。

3. 搅拌速度的控制是本实验的关键，每次测定应按要求的速度搅拌，并且测溶剂与溶液凝固点时搅拌条件要尽量保持一致。

4. 寒剂温度应低于溶液温度 3 ℃以内，防止过冷超过 0.2 ℃。

5. 加入萘的时候，尽量将萘直接放入溶剂中，注意不要将萘附着在凝固点管内壁上，造成溶液浓度的误差。

【数据处理】

室温：________℃；大气压：________Pa

计算室温 t(℃) 时环己烷的密度。

计算公式：$\rho_t/(\mathrm{g \cdot cm^{-3}})=0.7971-0.8879\times10^{-3}t/℃$。

1. 实验数据记录

粗测溶剂凝固点 1：________℃；粗测溶剂凝固点 2：________℃

粗测溶液凝固点 1：________℃；粗测溶液凝固点 2：________℃

精测溶剂凝固点 1		精测溶剂凝固点 2		精测溶液凝固点 1		精测溶液凝固点 2	
时间	温差显示数	时间	温差显示数	时间	温差显示数	时间	温差显示数

2. 分别绘制溶剂和溶液的步冷曲线图，求出平均值 T_f^*、T_f，从而获得 ΔT_f。

3. 计算萘在环己烷中的摩尔质量，并判断萘在环己烷中的存在形式。

【思考与讨论】

1. 影响凝固点精确测量的因素有哪些？

2. 如溶质在溶液中离解、缔合和生成配合物，对摩尔质量测定值如何影响？

实验 18　完全互溶双液系的气液平衡相图的绘制

【实验目的】

1. 绘制环己烷-乙醇双液系的气液平衡沸点-组成图，并确定最低恒沸点和恒沸物的组成；了解相图和相律的基本概念。

2. 掌握回流冷凝法测定液体沸点的方法，进一步理解分馏的原理。

3. 掌握阿贝折射仪的使用方法，用折射率确定平衡时液相和气相的组成。

【实验原理】

常温下，两种液体混合组成的体系称为双液系。若两种液体能按任意比例互溶则称为完全互溶双液系；若只能部分互溶，则称为部分互溶双液系。液体的沸点是指液体的饱和蒸气压与外界压力相等时的温度。双液系的沸点与外压有关，还与两种液体的相对含量有关。相图是用图形表示相平衡系统的温度、压力、组成间关系的图形。相图的特点是直观，从中可以直接了解各量间的关系，对于较复杂系统的相图这一特点表现得尤为突出。相律是1875年吉布斯提出的，是多相系统独立强度变量的个数与系统所包含的独立组分数及相数间的关系式（相律表达式参考天津大学《物理化学》上册）：

$$F = C - P + n \tag{18-1}$$

对于完全互溶双液系，如体系的压力确定，则自由度 $F = C - P + 1$。

对于纯液体，气液平衡时 $F = 1 - 2 + 1 = 0$，沸点恒定；

对于双液系，气液平衡时 $F = 2 - 2 + 1 = 1$，沸点与组成呈线性关系；

对于恒沸混合物，气液平衡时 $F = 2 - 2 + 0 = 0$，沸点和组成都是固定的。

在本实验中，外压是恒定的，那么沸点 T 和组成 x 的关系图就是我们要绘制的相图。

理想的二组分体系是指在全部浓度范围内都符合拉乌尔定律，而拉乌尔定律是稀溶液中溶剂的蒸气压等于同温度下纯溶剂的蒸气压乘以溶剂的摩尔分数。也就是说理想混合物的总压与组成关系是一条直线。

$$p = p_A^* x_A + p_B^* x_B \tag{18-2}$$

其实双液系中理想液态混合物是很少的，大多数情况下为非理想体系，与拉乌尔定律有一定的偏差。按照偏差程度分为一般偏差和最大偏差。

一般偏差分为两种情况：$p > p_{理想}$，一般正偏差（如图18-1所示）；$p < p_{理想}$，一般负偏差（如图18-2所示）。其中，$p_{难挥发}^* < p < p_{易挥发}^* (0 < x < 1)$。

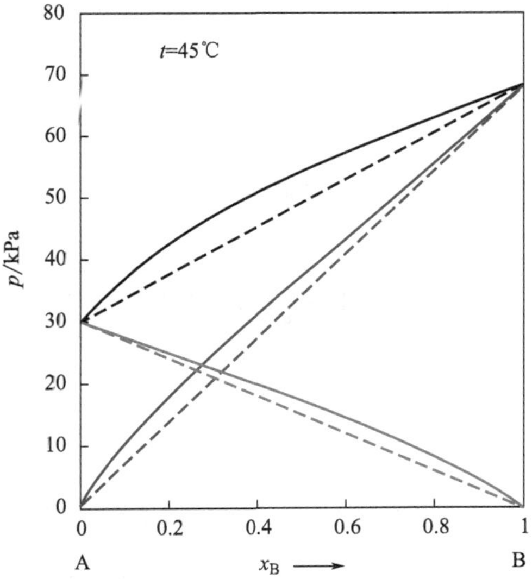

图18-1 苯（A）-丙酮（B）双液系相图

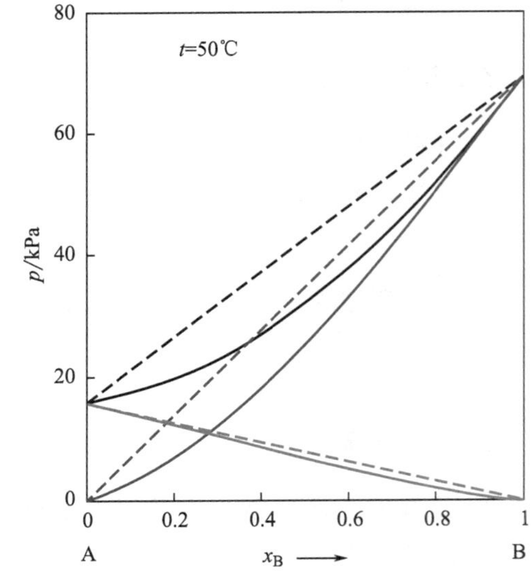

图18-2 1,4-二噁烷（A）-氯仿（B）双液系相图

最大偏差分为两种情况：$p_{最大} > p_{易挥发}^*$，最大正偏差（如图18-3所示）；$p_{最小} < p_{难挥发}^*$，

最大负偏差（如图 18-4 所示）。

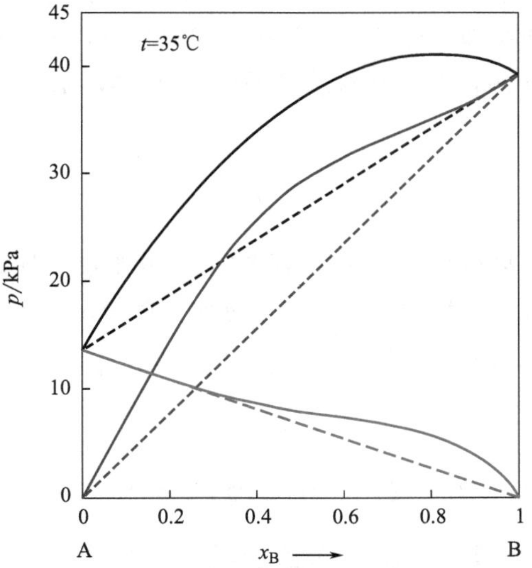

图 18-3　甲醇（A)-氯仿（B）双液系相图

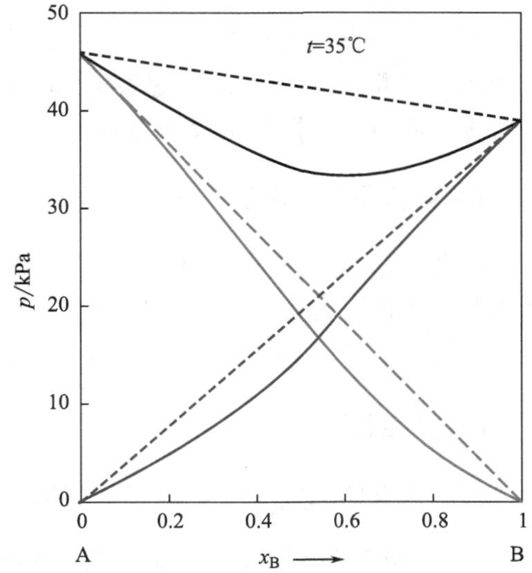

图 18-4　丙酮（A)-氯仿（B）双液系相图

偏差产生的根本原因是实际溶液中分子间的相互作用力的改变引起物质挥发性的改变，从而使蒸气压与组成关系偏离拉乌尔定律。

相应偏差的 T-x 图如图 18-5 所示，对于有最大负偏差的会出现最高点（T_{max}），有最大正偏差的会出现最低点（T_{min}），我们称这两个点为恒沸点，相应组成的溶液称为恒沸混合物。

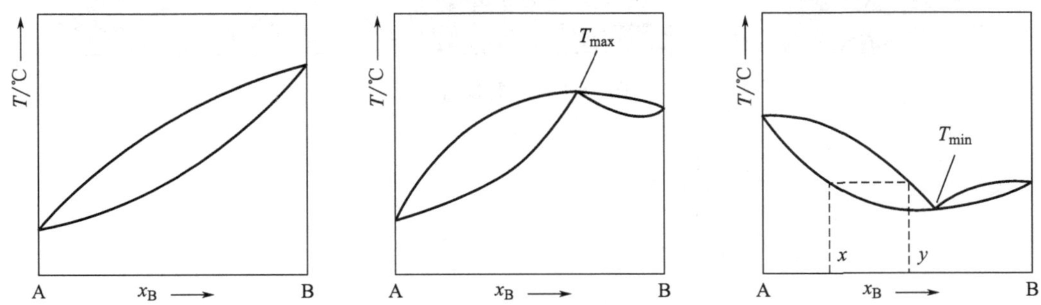

(a) 一般偏差　(b) 最大负偏差　(c) 最大正偏差

图 18-5　偏差的 T-x 图

本实验的沸点使用沸点仪进行测定，通过加热丝加热液体，达到沸腾温度时，体系中产生气相，气相在冷凝管中冷凝为液体，积存于冷凝管底部的小泡中。体系冷却后，通过分析小泡及圆底瓶中的液体即可得到气液两相的组成。

平衡组成中气液两相的组成可以根据相对密度或其他方法确定，本实验中采用折射率的测定来表征样品的组成，此方法具有快速、简单、样品用量少等优点。组成测定使用的仪器是阿贝折射仪。

采用折射率来表征样品的组成首先必须绘制工作曲线（或标准曲线），即样品折射率与组成的关系曲线，为此，可以通过配制系列不同体积含量的乙醇-环己烷溶液，测定其相应的折射率，然后绘制组成-折射率标准曲线，由标准曲线即可得到一定折射率的样品组成。

根据测定的沸点及该沸点所对应的气液两相的组成，在 T-x 图上可绘制出两点，即气相点和液相点；通过测量多个不同总组成的体系即可得到多个气相点和液相点，将所有气相点及液相点分别连接并与纯物质的沸点相连接，即得到封闭的环己烷-乙醇体系的 T-x 曲线，从而可知恒沸组成和沸点。

【实验仪器与药品】

仪器：FDY 双液沸点测定仪、WYA-2W 阿贝折射仪、SYC-15 超级恒温水浴、WLS 数字恒流电源、温度显示仪、移液管、长短滴管、锥形瓶、洗耳球、量筒、擦镜纸。

药品：乙醇（分析纯）、环己烷（分析纯）、丙酮（分析纯）。

【实验装置】

实验装置图见图 18-6，沸点仪结构如图 18-7 所示，阿贝折射仪结构如图 18-8 所示。

图 18-6　实验装置图

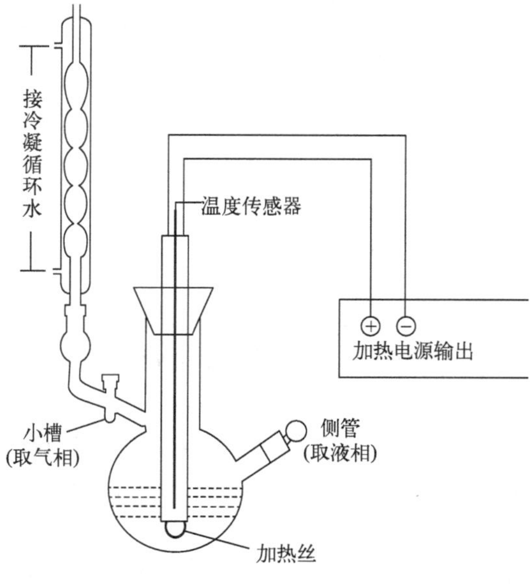

图 18-7　沸点仪

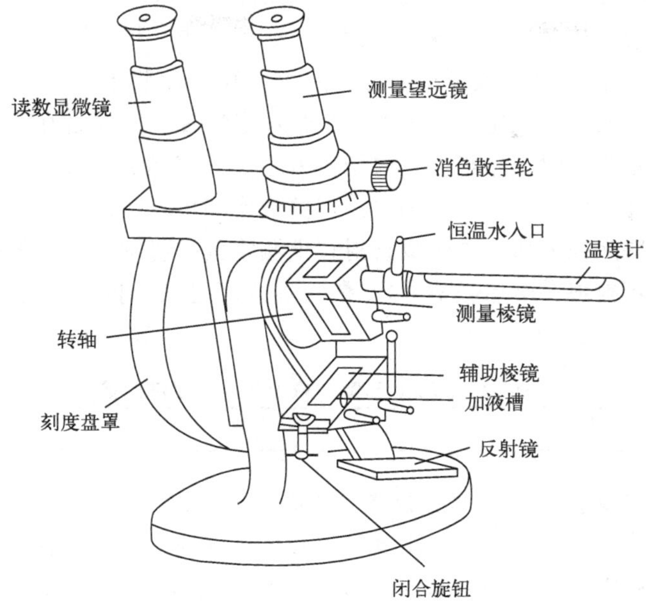

图 18-8 阿贝折射仪

【实验步骤】

1. 阿贝折射仪的使用方法

① 安装：将阿贝折射仪安放在光亮处，用超级恒温槽将恒温水通入棱镜夹套内。

② 加样：旋开测量棱镜和辅助棱镜的闭合旋钮，使辅助棱镜的磨砂斜面处于水平位置，若棱镜表面不清洁，可滴加少量丙酮，用擦镜纸顺单一方向轻擦镜面，待镜面洗净干燥后，用滴管滴加数滴试样于辅助棱镜的毛镜面上，迅速合上辅助棱镜，旋紧闭合旋钮。若液体易挥发，动作要迅速，或先将两棱镜闭合，然后用滴管从加液孔中注入试样。

③ 调光：转动镜筒使之垂直，调节反射镜使入射光进入棱镜，同时调节目镜的焦距，使目镜中十字线清晰明亮。调节消色补偿器使目镜中彩色光带消失。再调节读数螺旋，使明暗的界面恰好同十字线交叉处重合。

④ 读数：从读数望远镜中读出刻度盘上的折射率数值。

2. 标准溶液的配制及测量（表 18-1）

表 18-1 工作曲线溶液配制及其折射率

无水乙醇体积分数/%	0	20	40	60	80	100
无水乙醇体积/mL	0	1	2	3	4	5
环己烷体积/mL	5	4	3	2	1	0
折射率						
无水乙醇摩尔分数						

3. 环己烷-乙醇不同组成沸点及气液平衡时折射率的测定

(1) 乙醇沸点的测定

连接好装置，电热丝要靠近蒸馏瓶底部中心，将 20 mL 乙醇通过取样口加入沸点测定仪中，液体要盖过加热丝，开启冷凝管的冷凝水，调节调压器使电压约 12 V，使样品升温，当温度稳定后，记录温度，此温度即为乙醇的沸点。

（2）表 18-2 中不同样品沸点及平衡时气液相折射率的测定

用移液管移取 1 mL 环己烷，从加样口处加入蒸馏瓶中，样品升温回流，冷却槽中最初出现的冷凝液不是平衡时气相组成，需把冷却液倒回蒸馏瓶中 2～3 次，待温度稳定后记录温度，即为该样品的沸点，停止加热。待溶液冷却后，分别用 2 个干净的取样管吸取小槽中液体及蒸馏瓶底部液体，在阿贝折射仪上测定其折射率，测定的折射率分别为该样品平衡时气液相的折射率。然后按表 18-2 依次加入环己烷，同样的方法测其沸点和平衡时气液相的折射率。

表 18-2　20 mL 乙醇中依次加入环己烷的量

环己烷体积/mL	1	2	5	10	10

（3）环己烷沸点及表 18-3 中样品沸点及折射率的测定

将沸点仪中的溶液倒入回收瓶，用少量乙醇多次清洗，吹干，然后用量筒量取 20 mL 环己烷溶液至蒸馏瓶中，按上述方法测定沸点。然后按表 18-3 依次加入乙醇，每次加完后测其沸点和平衡时气液相的折射率。

表 18-3　20 mL 环己烷中依次加入乙醇的量

乙醇/mL	3	5	10	20

4. 实验结束

回收样品，关闭电源，整理桌面。

【注意事项】

1. 调压变压器控制的供热电压不宜过高，以维持被测液体处于沸腾回流的状态为宜，要防止电压过高而引起暴沸。

2. 回流时间不可过短。当沸腾温度趋于恒定后，还应维持 2～3 min 的回流，使体系尽量达到平衡状态后，再记录沸点温度及取样测量折射率。实验中有时可发现，虽经过长时间的回流，但温度总是上下波动而不能稳定。这多是由于沸点仪在吹制中储存气相冷凝液的凹形储槽的体积过大。出现此种情况时，可将沸点仪倾斜一下，使存留在凹形储槽中的试样能减少一些。一般来说，这样处理即可使沸腾温度在较短时间内趋于恒定。

3. 折射率受温度的影响很大，所以必须在停止加热并使样品冷却到室温才能取样分析，对试样折射率的测定要做到：动作迅速，铺满试样，锁紧旋钮，防止低沸点成分的挥发，从而造成折射率数值测定的误差。

4. 实验过程中应准备多支洁净的取样管，每次取样时应选用不同的取样管，这样可以保证测量的精度。

【数据处理】

室温：________℃；压强：________ Pa

1. 记录标准溶液折射率，计算乙醇的摩尔分数。

2. 记录环己烷-乙醇不同组分的沸点和相应气液平衡时的气相和液相折射率。

环己烷	20 mL,沸点：________									
乙醇/mL	3		5		10		20			
沸点/℃										
折射率	气	液	气	液	气	液	气	液		
乙醇摩尔分数										
乙醇	20 mL,沸点：________									
环己烷/mL	1		2		5		10		10	
沸点/℃										
折射率	气	液	气	液	气	液	气	液	气	液
乙醇摩尔分数										

3. 绘制工作曲线。

4. 从折射率-组成工作曲线上查得相应气液相组成。

5. 根据测定的沸点及该沸点所对应的气液两相的组成，绘制环己烷-乙醇体系的 T-x 曲线。

6. 在 T-x 图上确定恒沸点及此压强下的恒沸混合物的组成。

【思考与讨论】

1. 收集气相冷凝液的小泡容积过大，对测量结果有何影响？

2. 在加入不同数量的各组分时，如发生了微小的偏差，对相图的绘制有无影响？为什么？

3. 折射率的测定为什么要在恒温下进行？

附：阿贝折射仪的使用

【阿贝折射仪的用途】

阿贝折射仪可直接用来测量液体的折射率，定量地分析溶液的成分和液体的纯度。阿贝折射仪是测定分子结构的重要仪器，因为折射率与物质内部的分子运动状态有关，所以测定折射率在结构化学方面也是很重要的，比如求算物质摩尔折射率、摩尔质量、密度、极性分子的偶极矩等都需要折射率的数据。阿贝折射仪测定折射率时有许多优点：所需用的样品很少，数滴液体即可进行测量；测量精度高（折射率精确到 1×10^{-4}），重现性好；

测定方法简便，无需特殊光源设备，普通日光或其他日光即可；棱镜有夹层，可通恒温水流，保持所需的测定温度。它是物理化学实验室和科研工作中较常用的一种光学仪器。近年来，随着技术的发展，该仪器也在不断地更新。

【仪器描述】

阿贝折射仪的光学系统由望远系统和读数系统组成，如图 18-9 所示。

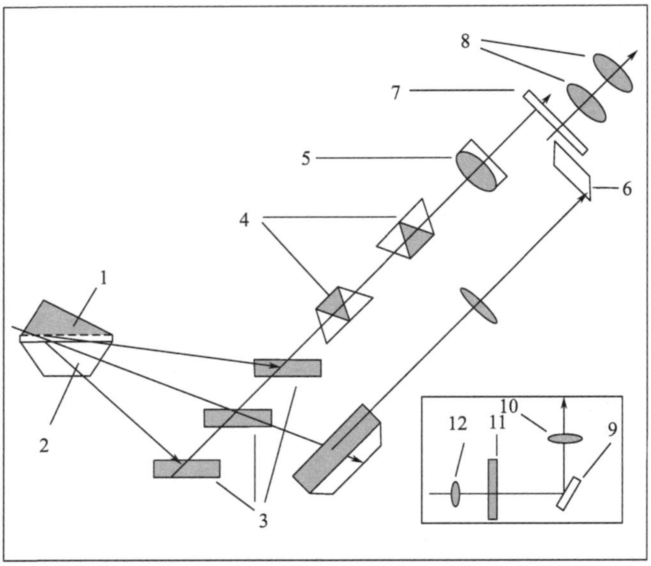

图 18-9　望远系统和读数系统光路图

1—进光棱镜；2—折射棱镜；3—摆动反射镜；4—消色散棱镜组；5—望远物镜组；6—平行棱镜；7—分划板；8—目镜；9—读数物镜；10—反射镜；11—刻度板；12—聚光镜

望远系统：光线进入进光棱镜 1 与折射棱镜 2 之间一微小均匀的间隙，被测液体就放在此空隙内。当光线（太阳光或日光灯）射入进光棱镜 1 时便在磨砂面上产生漫反射，使被测液层内有各种不同角度的入射光，经折射棱镜 2 产生一束折射角均大于出射角度 i 的光线。由摆动反射镜 3 将此束光线射入消色散棱镜组 4，此消色散棱镜组是由一对等色散阿米西棱镜组成，其作用是获得一可变色散来抵消由于折射棱镜对不同被测物体所产生的色散。再由望远物镜组 5 将此明暗分界线成像于分划板 7 上，分划板上有十字分划线，通过目镜 8 能看到如图 18-10 上部分所示的像。

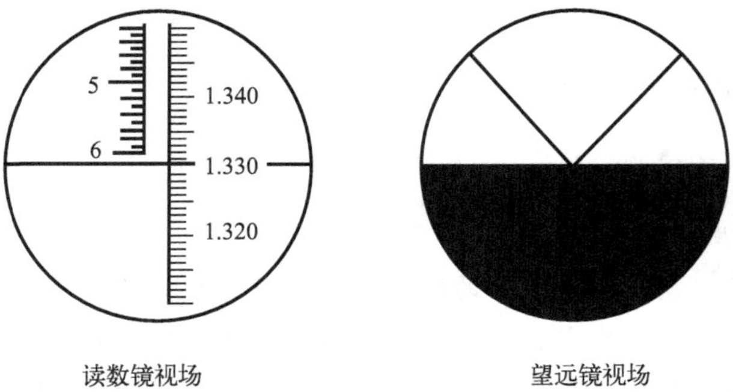

图 18-10　折射仪视场

读数系统：光线经聚光镜12照明刻度板11（刻度板与摆动反射镜3连成一体同时绕刻度中心做回转运动）。通过反射镜10、读数物镜9、平行棱镜6将刻度板上不同部位折射率示值成像于分划板7上（见图18-10）。

读数镜视场中右边为液体折射率刻度，左边为蔗糖溶液质量分数（锤度Brix）（0～95%，刻度）。

阿贝折射仪一般有单镜视场和双镜视场两种，如图18-11和图18-12所示。

图18-11　单镜阿贝折射仪

图18-12　双镜阿贝折射仪

【光学原理】

阿贝折射仪是药物鉴定中常用的分析仪器，主要用于测定透明液体的折射率。折射率是物质的重要光学常数之一，可借以了解该物质的光学性能、纯度和浓度等。

当光从一种媒质进入到另一种媒质时，在两种媒质的分界面上，会发生反射和折射现象，如图18-13所示。在折射现象中有以下关系：

$$n_1\sin\theta_1=n_2\sin\theta_2$$

显然，若$n_1>n_2$，则$\theta_1<\theta_2$。其中绝对折射率较大的介质称为光密介质，较小的称为光疏介质。当光线从光密介质n_1进入光疏介质n_2时，折射角θ_2恒大于入射角θ_1，且θ_2随θ_1的增大而增大。当入射角θ_1增大到某一数值θ_0而使$\theta_2=90°$时，则发生全反射现象。入射角θ_0称为临界角。

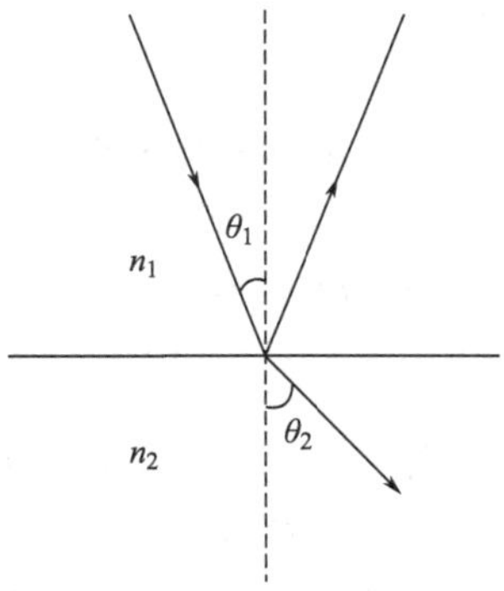

图18-13　光在两种介质界面上的反射和折射现象

阿贝折射仪是根据全反射原理制成的。其主要部分由一个直角进光棱镜ABC和另一个直角折射棱镜DEF组成，在两棱镜间放入待测液体，如图18-14（a）所示。进光棱镜的一个表面AB为磨砂面，从反射镜M射入进光棱镜的光照亮了整个磨砂面，由于磨砂面的漫反射，液层内有各种不同方向的入射光。

假设入射光为单色光，图中入射光线AO（入射点O实际在靠近E点处）的入射角为最大，由于液层很薄，这个最大入射角非常接近直角。设待测液体的折射率n_2小于折射棱镜的折射率n_1，则在待测液体与折射棱镜界面上入射光线AO和法线的夹角近似90°，而折射光线OR和法线的夹角为θ_0，由光路的可逆性可知，此折射角θ_0即为临界角。

根据折射定律：

$$n_1\sin\theta_0=n_2\sin 90° \tag{18-3}$$

$$n_2=n_1\sin\theta_0 \tag{18-4}$$

可见临界角θ_0的大小取决于待测液体的折射率n_2及折射棱镜的折射率n_1。

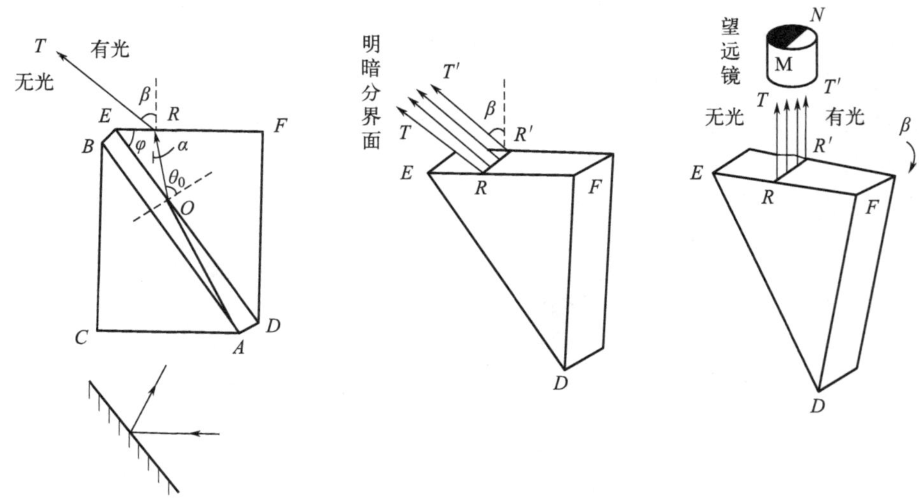

(a) (b) (c)

图 18-14 阿贝折射仪原理图

当 OR 光线射出折射棱镜进入空气（其折射率 $n=1$）时，又要发生一次折射，设此时的入射角为 α，折射角为 β（或称出射角），则根据折射定律得：

$$n_1 \sin\alpha = \sin\beta \tag{18-5}$$

根据三角形的外角等于不相邻两内角之和的几何原理，由 ΔORE，得：

$$\theta_0 + 90^\circ = \alpha + 90^\circ + \varphi \tag{18-6}$$

将式(18-4)～式(18-6)联立，解得：

$$n_2 = \sin\varphi \sqrt{n_1^2 - \sin^2\beta} + \sin\beta\cos\varphi \tag{18-7}$$

式中，棱镜的棱角 φ 和折射率 n_1 均为定值，因此用阿贝折射仪测出 β 角后，就可算出液体的折射率 n_2。

在所有入射到折射棱镜 DE 面的入射光线中，光线 AO 的入射角等于 90°，已经达到了最大的极限值，因此其出射角 β 也是出射光线的极限值，凡入射光线的入射角小于 90°，在折射棱镜中的折射角必小于 θ_0，从而其出射角也必小于 β。由此可见，以 RT 为分界线，在 RT 的右侧可以有出射光线，在 RT 的左侧不可能有出射光线，见图 18-14(a)。必须指出图 18-14(a)所示的只是棱镜的一个纵截面，若考虑折射棱镜整体，光线在整个折射棱镜中传播的情况就会出现如图 18-14(b)所示的明暗分界面 $RR'T'T$。在 $RR'T'T$ 面的右侧有光，在 $RR'T'T$ 面的左侧无光，这分界面与棱镜顶面的法线成 β 角，当转动棱镜 β 角后，使明暗分界面通过望远镜中十字线的交点，这时从望远镜中可看到半明半暗的视场，如图 18-14(c)所示。因在阿贝折射仪中直接刻出了与 β 角所对应的折射率，所以使用时可从仪器上直接读数而无须计算，阿贝折射仪对折射率的测量范围是 1.3000～1.7000。

阿贝折射仪用白光（日光或普通灯光）作为光源，而白光是连续光谱，由于液体的折射率与波长有关，对于不同波长的光线，有不同的折射率，因而不同波长的入射光线，其临界角 θ_0 和出射角 β 也各不相同。所以，用白光照射时就不能观察到明暗半影，而是呈现一段五彩缤纷的彩色区域，也就无法准确地测量液体的折射率。为了解决这个问题，在阿贝折射仪的望远镜筒中装有阿米西棱镜，又称光补偿器。测量时，旋转阿米西棱镜手轮使色散为零，各种波长的光的极限方向都与钠黄光的极限方向重合，视场仍呈现出半边黑色、半边白色，黑白的分界线就是钠黄光的极限方向。另外，光补偿器还附有色散值刻度圈，读出其读数，利用仪器附带的卡片，还可以求出待测物的色散率。

【阿贝折射仪的使用】

1. 仪器安装

将阿贝折射仪放在靠近窗户的桌子上（注意避免日光直接照射），或置于普通白炽灯前，在棱镜外套上装好温度计，将超级恒温水浴的恒温水通过棱镜的夹套中。恒温水温度以温度计指示值为准，恒温在（20.0±0.2)℃。

2. 校准仪器

仪器在测量前，先要进行校准。校准时可用蒸馏水（$n_D^{20}=1.3330$）或标准玻璃块进行（标准玻璃块标有折射率）。

（1）用蒸馏水校准

① 将棱镜锁紧扳手松开，将棱镜擦干净（注意：用无水酒精或其他易挥发溶剂，用镜头纸擦干）。

② 用滴管将2～3滴蒸馏水滴入两棱镜中间，合上并锁紧。

③ 调节棱镜转动手轮，使折射率读数恰为1.3330。

④ 从测量镜筒中观察黑白分界线是否与叉丝交点重合。若不重合，则调节刻度调节螺栓，使叉丝交点准确地和分界线重合。若视场出现色散，可调节微调手轮至色散消失。

（2）用标准玻璃块校准

① 松开棱镜锁紧扳手，将进光棱镜拉开。

② 在玻璃块的抛光底面上滴溴化萘（高折射率液体），把它贴在折射棱镜的面上，玻璃块的抛光侧面应向上，以接受光线，使测量镜筒视场明亮（图18-15）。

③ 调节大调手轮，使折射率读数恰为标准玻璃块已知的折射率值。

④ 从测量镜筒中观察。若分界线不与叉丝交点重合，则调节螺栓使它们重合。若有色散，则调节微调手轮消除色散。

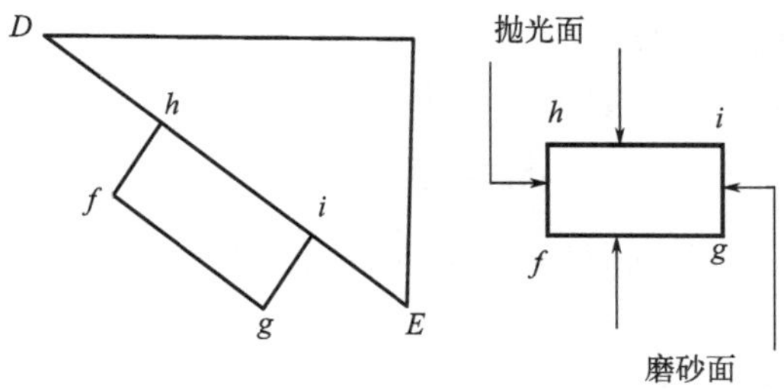

图18-15　标准玻璃块

3. 样品测定

（1）测定液体的折射率

若待测物为透明液体，一般用透射光即掠入射方法来测量其折射率n_x。方法如下：滴2～3滴待测液体在进光棱镜的磨砂面上，并锁紧（若溶液易挥发，须在棱镜组侧面的一个小孔内加以补充）；旋转大调手轮，在测量镜筒中将观察到黑白分界线在上下移动（若有彩色，则转动微调手轮消除色散，使分界线黑白分明），调至视场中黑白分界线与叉丝交点重合为止；在读数镜筒中，读出分划板中横线在右边刻度所指示的数据，即为待测

液体的折射率 n_x，并记录；重复测量 3 次，求折射率的平均值。

阿贝折射仪中的阿贝棱镜组由两个直角棱镜（折射率为 n）组成，一个是进光棱镜，它的弦面是磨砂的，其作用是形成均匀的扩展面光源；另一个是折射棱镜。待测液体（$n_x<n$）夹在两棱镜的弦面之间，形成薄膜，如图 18-16 所示。

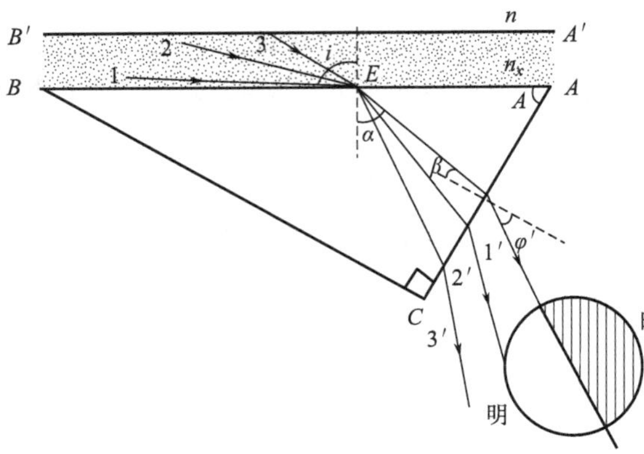

图 18-16 液体折射率测定

光先射入进光棱镜，由其磨砂弦面 $A'B'$ 产生漫射光穿过液层进入折射棱镜（图中 ABC）。因此到达液体和折射棱镜的接触面（AB 面）上任意一点 E 的诸条光线（如 1、2、3 等）具有各种不同的入射角，最大的入射角是 90°，这种方向的入射称为掠入射。对不同方向入射光中的某条光线，设它以入射角 i 射向 AB 面，经棱镜两次折射后，从 AC 面以 φ' 角出射，若 $n_x<n$，则由折射定律得：

$$n_x \sin i = n \sin\alpha \tag{18-8}$$

$$n \sin\beta = \sin\varphi' \tag{18-9}$$

式中，α 为 AB 面上的折射角，β 为 AC 面上的入射角。由图 18-16 得棱镜顶角 A 与 α 角及 β 角的关系为：

$$A = \alpha + \beta$$

则 $\alpha = A - \beta$，代入式(18-8)得：

$$n_x \sin i = n \sin(A-\beta) = n(\sin A \cos\beta - \cos A \sin\beta) \tag{18-10}$$

变换式(18-9)得：$n^2 \sin\beta = n^2 - n^2\cos^2\beta = \sin^2\varphi'$

则 $$\cos\beta = \sqrt{(n^2 - \sin^2\varphi')/n^2}$$

代入式(18-10)得：

$$n_x \sin i = \sin A\sqrt{n^2 - \sin^2\varphi'} - \cos A \sin\varphi' \tag{18-11}$$

从图 18-16 可以看出，对于光线“1”，有 $i\to 90°$，$\sin i \to 1$，$\sin\varphi' \to \sin\varphi$，则式(18-11)变为：

$$n_x = \sin A\sqrt{n^2 - \sin^2\varphi} - \cos A \sin\varphi \tag{18-12}$$

因此，若折射棱镜的折射率 n 和折射顶角 A 已知，只要测出出射角 φ 即可求出待测液体的折射率 n_x。

若 $A=\alpha-\beta$，这时出射光线与顶角 A 在 AC 面法线的同侧，式(18-11)变为：

$$n_x = \sin A\sqrt{n^2 - \sin^2\varphi} + \cos A \sin\varphi \tag{18-13}$$

阿贝折射仪是如何测量与光线1相对应的出射角 φ 的呢？由图18-16可知，除光线1外，其他光线2、3等在 AB 面上的入射角皆小于90°。因此当扩展光源的光线从各个方向射向 AB 面时，凡入射角小于90°的光线，经棱镜折射后的出射角必大于光线1的出射角而偏折于光线 $1'$ 的左侧形成亮视场。而光线1的另一侧因无光线而形成暗场。显然，明暗视场的分界线就是掠入射光束1的出射方向。

阿贝折射仪标出了与 φ 角对应的折射率值，测量时只要使明暗分界线与望远镜叉丝交点对准，就可从视场中折射率刻度读出 n_x 值。

(2) 测定固体的折射率

若待测固体有两个互成90°角的抛光面，则可用透射光测定其折射率，如图18-17所示，在待测固体和折射棱镜 AB 面上滴一滴接触液（其折射率为 n_2，要求 $n_2>n_x$，一般用折射率较高的溴代苯），扩展光源发出的光直接进入待测固体（不用进入进光棱镜），经过接触液进入折射棱镜，其中一部分光线在通过待测固体时，传播方向平行于固体与接触液的交界面。同理，当 $n_x<n_2$、$n_x<n$ 时，由折射定律和几何关系可得待测固体折射率为：

$$n_x=\sin A\sqrt{n^2-\sin^2\varphi}\pm\cos A\sin\varphi \tag{18-14}$$

当出射光线与顶角 A 分居于 AC 面法线两侧时，公式取“－”号，反之，若在同侧时，公式取“＋”号。

由于折射棱镜的 n 和 A 均已知，只要测出光线掠入射经过待测固体时，由棱镜 AC 面上出射极限角 φ，由式(18-14)即可算出待测固体的折射率。用阿贝折射仪测量时，只要明暗分界线与望远镜叉丝交点对准，就可直接读出 n_x 值。

接触液的存在并不影响 n_x 的测量，但要求折射率 $n_2>n_x$。接触液的作用是使得待测样品面和折射棱镜面形成良好的光学接触，没有空隙且有黏附性。此外，用反射光测定折射率的原理如图18-18所示，光由折射棱镜的磨砂面 BC 进入，此时 BC 面就成为一个扩展面光源，到达 AB 面（与待测物质的接触面）上任意一点的诸光线具有不同的入射角，凡入射角大于临界角 $i_C\left(=\arcsin\dfrac{n_x}{n}\right)$ 者，皆全反射，再经 AC 面射出，用望远镜对准 φ 角方向，同样观察到明暗视场，但明暗差别不如透射光，而且明暗相对透射法测量颠倒。用反射光测量固体的折射率时只需一个抛光面。

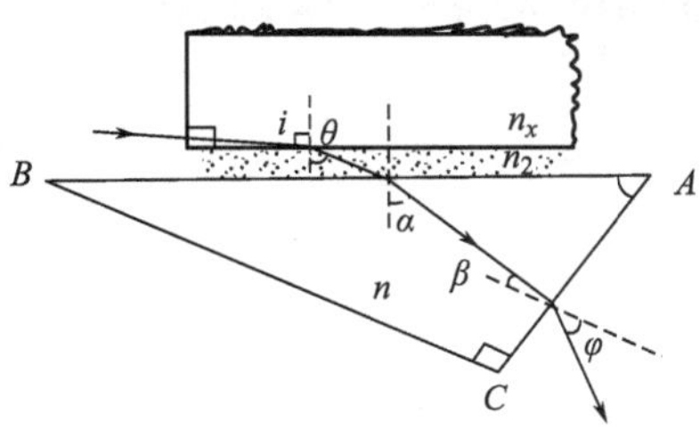

图 18-17 掠入法

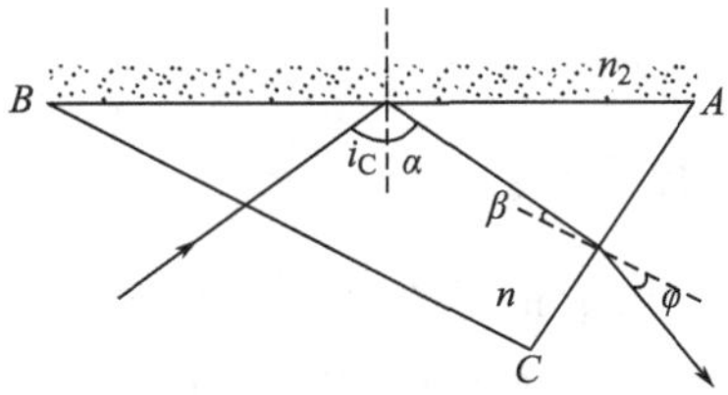

图 18-18 反射法

任何物质的折射率都与测量时使用的光波波长有关。阿贝折射仪有光补偿装置（阿米西棱镜组），所以测量时可用白光光源，且测量结果相当于对钠黄光（λ＝589.3 nm）的折射率（即 n_D）。另外，液体的折射率还与温度有关，因此若仪器接上恒温器，则可测定温度为0～50 ℃内的折射率即 n_D。

【注意事项】

1. 使用仪器前应先检查进光棱镜的磨砂面、折射棱镜及标准玻璃块的光学面是否干净，如有污迹用擦镜纸擦拭干净。

2. 用标准玻璃块校准仪器读数时，所用折射率液不宜太多，使折射率液均匀布满接触面即可。过多的折射率液易堆积于标准玻璃块的棱尖处，既影响明暗分界线的清晰度，又容易造成标准玻璃块从折射棱镜上掉落而损坏。

3. 在加入的折射率液或待测液中，应防止留有气泡，以免影响测量结果。

4. 读取数据时，首先沿正方向旋转棱镜转动手轮（如向前），调节到位后，记录一个数据。然后继续沿正方向旋转一小段后，再沿反方向（向后）旋转棱镜转动手轮，调节到位后，又记录一个数据。取两个数据的平均值为一次测量值。

5. 实验过程中要注意爱护光学器件，不允许用手触摸光学器件的光学面，避免剧烈振动和碰撞。

6. 仪器使用完毕后，要将棱镜表面及标准玻璃块擦拭干净，目镜套上镜头保护纸，放入盒内。

【维护与保养】

1. 仪器应放在干燥、空气流通和温度适宜的地方，以免仪器的光学零件受潮发霉。

2. 仪器使用前后及更换样品时，必须先清洗揩净折射棱镜系统的工作表面。

3. 被试样品不准有固体杂质，测试固体样品时应防止折射棱镜的工作表面拉毛或产生压痕，本仪器严禁测试腐蚀性较强的样品。

4. 仪器应避免强烈振动或撞击，防止光学零件震碎、松动而影响精度。

5. 如聚光照明系统中灯泡损坏，可将聚光镜筒沿轴取下，换上新灯泡，并调节灯泡左右位置（松开旁边的紧定螺钉），使光线聚光在折射棱镜的进光表面上，并不产生明显偏斜。

6. 仪器聚光镜是塑料制成的，为了防止带有腐蚀性的样品对它的表面破坏，使用时用透明塑料罩将聚光镜罩住。

7. 仪器不用时应用塑料罩将仪器盖上或将仪器放入箱内。

8. 使用者不得随意拆装仪器，如仪器发生故障或达不到精度要求时，应及时送修。

实验 19　电导法测定表面活性剂临界胶束浓度

【实验目的】

1. 了解表面活性剂及其基本性质。
2. 掌握用电导率仪测定十二烷基硫酸钠的临界胶束浓度的方法。
3. 掌握电导率仪的使用方法。

【实验原理】

1. 表面活性剂种类及基本性质

表面活性剂是指加入少量就能显著降低溶液表面张力的一类物质，通常指的是降低水的表面张力。表面活性剂是由亲水性的极性基团和憎水性的非极性基团所组成的有机化合物。表面活性剂从用途、化学性质、物理性质或化学结构等方面分类，最常用的是按结构分成离子型和非离子型两类。

表面活性剂能溶于水且解离成离子的称离子型表面活性剂。离子型表面活性剂按离子的类型可将其分为三大类：

(1) 阴离子型表面活性剂　例如，羧酸盐［如肥皂（$C_{17}H_{35}COONa$）］、烷基硫酸盐［如十二烷基硫酸钠（$C_2H_{25}SO_4Na$）］、烷基磺酸盐［如十二烷基苯磺酸钠（$C_2H_{25}C_6H_4SO_3Na$）］等。

(2) 阳离子型表面活性剂　主要是铵盐，例如，十二烷基二甲基叔胺盐酸盐［$C_2H_{25}N(CH_3)_2 \cdot HCl$］和季铵盐如十二烷基二甲基苄基氯化铵［$C_{12}H_{25}(CH_3)_2(C_6H_5CH_2)N^+Cl^-$］。

(3) 两性表面活性剂　如氨基酸（$RNH_2CHCOOH$）。

凡在水中不能解离的就称为非离子型表面活性剂，如聚乙二醇类［$HOCH_2$-$(CH_2OCH_2)_nCH_2OH$］。

表面活性剂加入少量就可使溶液表面张力急剧降低，而当浓度超过某一数值后，溶液的表面张力又几乎没有什么变化，原因是当它们以低浓度存在于某一体系中时，表面活性剂会自动聚集在体系的表面上，极性基团向着水，非极性基团脱离水向着空气，从而使表面吉布斯自由能明显降低；随着表面活性剂的加入，溶液浓度增大到一定值时，表面活性剂离子或分子在溶液表面聚集排满而形成单分子层，另一部分在溶液本体内的表面活性剂形成一定形状的聚集体，这种由几十个或上百个表面活性剂分子自发形成的亲水基团向外憎水基团向里的聚集体称为胶束，如图 19-1 所示为不同浓度时表面活性剂的排列方式。表面活性物质在水中形成胶束所需要的最低浓度称为临界胶束浓度，以 CMC 表示。实验表明，CMC 不是一个确定的浓度值，而是一个很窄的浓度变化范围。随着表面活性剂在溶液中浓度的增加，球形胶束还有可能变成椭球状、棒形或层状。如图 19-2 为不同形状的胶束。

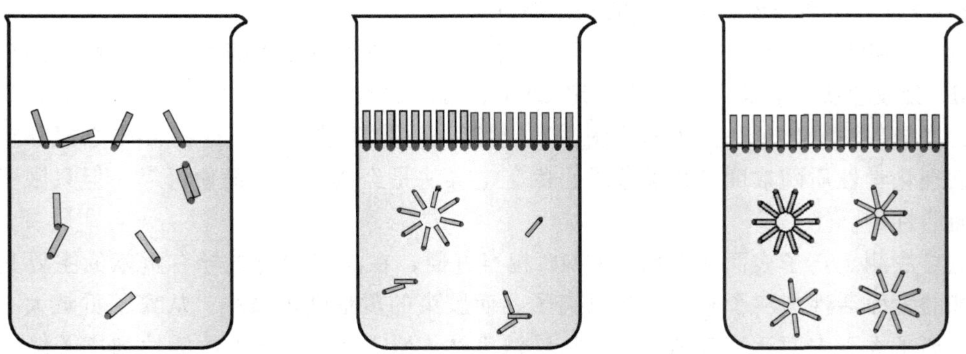

(a) 稀溶液　　(b) 开始形成胶束的溶液　　(c) 大于临界胶束浓度的溶液

图 19-1　胶束的形成过程示意图

当溶液浓度达到 CMC，在这个狭窄的浓度范围前后，不仅溶液的张力发生明显变化，其他物理性质如电导率、渗透压、光学性质、去污能力及增溶作用等都发生显著的变化，如图 19-3 所示。这个现象是测定 CMC 的实验依据，也是表面活性剂的一个重要特征。

CMC 是表面活性剂的一种重要特征，CMC 越小，则表示这种表面活性剂形成胶束所

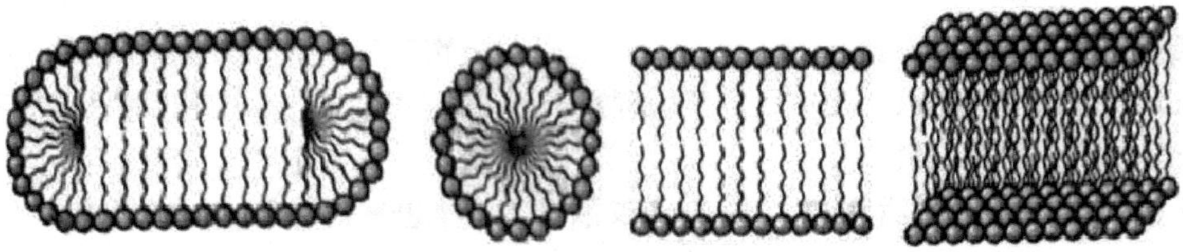

图 19-2　不同形状胶束的示意图

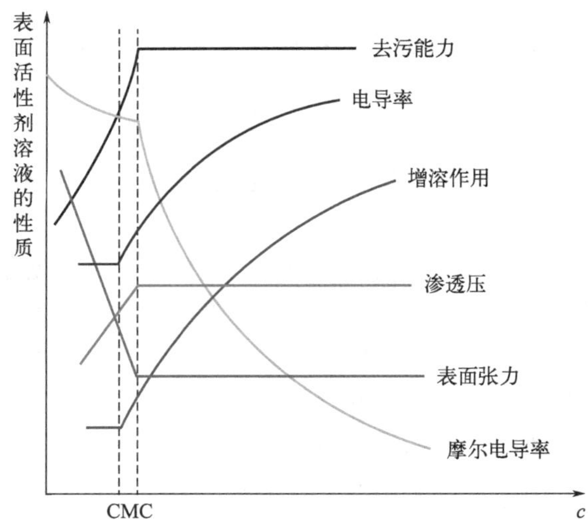

图 19-3　表面活性剂溶液的性质与浓度关系示意图

需浓度越低，达到溶液表面饱和吸附的浓度就越低，只有溶液浓度稍高于 CMC 时，才能充分发挥表面活性剂的作用，如润湿、乳化、发泡、增溶、洗涤等重要作用。目前表面活性剂广泛用于石油、纺织、农药、采矿、食品、民用洗涤等各个领域。

2. 表面活性剂临界胶束浓度的测定原理

测定 CMC 的方法很多，原则上只要是溶液的物理化学性质随着表面活性剂溶液浓度在 CMC 处发生突变，都可以用来测定 CMC。常用的测定 CMC 的方法有电导法、表面张力法、光散射法、比色法（染料吸附法）、浊度法（增溶法）等，这些方法原理都是从溶液的物理化学性质随浓度变化关系求得的。电导法是经典方法，简便可靠，但只限于离子型表面活性剂。

电导法测定离子表面活性剂的 CMC 相当方便，在溶液中对电导有贡献的主要是带长链烷基的表面活性剂离子和相应的反离子，而胶束的贡献则极微小。从离子贡献大小来考虑，反离子大于表面活性剂离子。当溶液浓度达 CMC 时，由于表面活性剂离子缔合成胶束，反离子固定于胶束的表面，它们对电导的贡献明显下降，同时由于胶束的电荷被反离子部分中和，这种电荷量小、体积大的胶束对电导的贡献非常小，所以电导急剧下降。即对于离子型表面活性剂溶液，当溶液浓度很稀时，电导的变化规律也和强电解质一样；但当溶液浓度达到临界胶束浓度时，随着胶束的生成，电导率发生改变，摩尔电导率急剧下降。这就是电导法测定 CMC 的依据。

本实验利用电导率仪测定不同浓度的十二烷基硫酸钠水溶液的电导率值，计算出相应的摩尔电导率 Λ_m，然后作 Λ_m-c 图，得相应的曲线，曲线上转折点对应的浓度即为 CMC。

【实验仪器与药品】

仪器：DDS-307 型电导率仪、DJS-1A 型电导电极、恒温槽、500mL 容量瓶、100mL 容量瓶、烧杯。

药品：氯化钾（分析纯）、十二烷基硫酸钠（分析纯）、电导水。

【实验装置】

实验所用电导率仪见图 19-4。

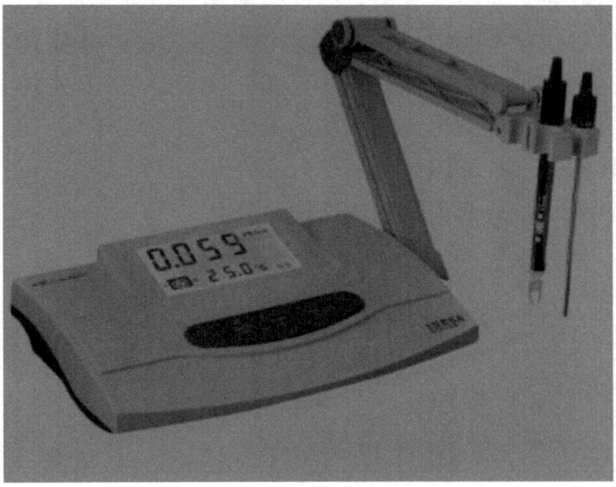

图 19-4　电导率仪

【实验步骤】

1. 原始溶液的配制

取表面活性剂十二烷基硫酸钠，在 80 ℃烘箱中干燥 3 h 后，用电导水准确配制成 0.050 mol·L^{-1} 的原始溶液。取 KCl 用电导水准确配制 0.01 mol·L^{-1} 的 KCl 溶液。

2. 表面活性剂溶液的配制

分别量取 0.050 mol·L^{-1} 原始溶液 4 mL、8 mL、12 mL、14 mL、16 mL、18 mL、20 mL、24 mL、28 mL、32 mL、36 mL、40 mL，均稀释至 100 mL。各溶液的浓度分别为 0.002 mol·L^{-1}、0.004 mol·L^{-1}、0.006 mol·L^{-1}、0.007 mol·L^{-1}、0.008 mol·L^{-1}、0.009 mol·L^{-1}、0.010 mol·L^{-1}、0.012 mol·L^{-1}、0.014 mol·L^{-1}、0.016 mol·L^{-1}、0.018 mol·L^{-1}、0.020 mol·L^{-1}。

3. 恒温槽恒温至（25±0.1)℃或其他实验温度。

4. 电导率仪的校正

当恒温槽温度恒定后，用蒸馏水洗净锥形瓶及电极，在锥形瓶中装入适量的 0.01 mol·L^{-1} 的 KCl 标准溶液放入恒温槽中恒温 15 min，温度补偿调节至 25，量程选择开关指向“Ⅲ”，调节常数补偿旋钮，使仪器显示值为电极的电极常数。

5. 表面活性剂溶液电导率的测定

用电导率仪从稀溶液到浓溶液分别测定电导率。用后一个溶液荡洗接触过前一个溶液的电导电极和容器 3 次以上，各溶液测定前必须恒温 10 min，每个溶液的电导率测定 3 次，取其平均值。

6. 洗净电导池和电极备用。

7. 调节恒温槽温度至（40±0.1）℃。重复上述步骤 4～6，测定 40.0 ℃时各溶液的电导率。

8. 实验结束，清洗仪器，关闭仪器电源，整理桌面。

【注意事项】

1. 电解质溶液的电导率与温度有关，因此被测体系应处于恒温。

2. 电导电极在使用前应清洗，可用电导水淋洗，然后将其竖直，用滤纸轻吸，将水吸净，但不能用滤纸擦铂片。

3. 在测量过程中电极片应完全浸入所测的溶液中。

4. 使用完后，电极应保持干燥。

5. 测定样品电导率时应从低到高的浓度依次测量。

【数据处理】

1. 实验数据记录及处理。

（1）25 ℃时的实验数据

电导水电导率＝________________

编号	1	2	3	4	5	6	7	8	9	10	11	12
浓度 $c/(10^{-3}\text{mol}\cdot\text{L}^{-1})$												
$\kappa\times10^{3}/(\mu\text{s}\cdot\text{cm}^{-1})$												
$\kappa/(\text{S}\cdot\text{m}^{-1})$												
$\Lambda_\text{m}\times10^{-3}/(\text{S}\cdot\text{m}^{2}\cdot\text{mol}^{-1})$												

（2）40 ℃时的实验数据

电导水电导率＝________________

编号	1	2	3	4	5	6	7	8	9	10	11	12
浓度 $c/(10^{-3}\text{mol}\cdot\text{L}^{-1})$												
$\kappa\times10^{3}/(\mu\text{s}\cdot\text{cm}^{-1})$												
$\kappa/(\text{S}\cdot\text{m}^{-1})$												
$\Lambda_\text{m}\times10^{-3}/(\text{S}\cdot\text{m}^{2}\cdot\text{mol}^{-1})$												

2. 作 Λ_m-c 图，得相应的曲线，曲线上转折点对应的浓度即为 CMC。

【思考与讨论 】

1. 实验中影响临界胶束浓度的因素有哪些？

2. 若要知道所测得的临界胶束浓度是否正确，可用什么实验方法检验？

3. 非离子型表面活性剂能否用本实验方法测定临界胶束浓度？为什么？若不能，则可用何种方法测定？

实验 20　碳酸钙热分解

【实验目的】

1. 学会测定 $CaCO_3$ 的分解压，并计算在标准状况下 $CaCO_3$ 的分解温度及其热力学函数变。

2. 了解有气相产生的多相平衡体系的研究方法。

3. 掌握中温控制与测量技术及低真空系统的操作技术。

【实验原理】

碳酸钙热分解是一个典型的多相平衡反应，其热分解反应方程式为：

$$CaCO_3 \longrightarrow CaO(s)+CO_2(g)$$

如果此反应在一密闭容器中进行，即不将分解产物 CaO(s) 和 CO_2(g) 移走，则达平衡时，平衡常数 $K^\ominus$可表示为：

$$K^\ominus=\frac{a_{CaO}}{a_{CaCO_3}}\times\frac{p_{CO_2}}{p^\ominus} \tag{20-1}$$

式中，p_{CO_2} 为 CO_2 的平衡分压；在一定温度下，纯固体和纯液体的活度均为 1，因此 a_{CO_2}、a_{CaO} 均为 1。则上式可简化为：

$$K^\ominus=\frac{p_{CO_2}}{p^\ominus} \tag{20-2}$$

由于固体 $CaCO_3$ 和 CaO 的饱和蒸气压很小，所以当体系中没有其他气体时，CO_2 的平衡分压与体系的总压几乎相等，这时把平衡时 CO_2 的压力称为碳酸钙的分解压力。温度一定时，二氧化碳的平衡分压一定，它只是温度的函数，而与 $CaCO_3$ 和 CaO 的数量无关，这可从相律分析中得到证明。通常可用分解压力的大小来衡量固体化合物的稳定性：分解压力大，稳定性小，容易分解；分解压力小，稳定性大，不易分解。如 600 K 时 $CaCO_3$ 的分解压为 45.3×10^{-3} Pa 而 $MgCO_3$ 的分解压为 28.4 Pa，所以 $CaCO_3$ 比 $MgCO_3$ 稳定。升高温度一般会使反应的分解压力升高，当分解压力达到环境压力 101.325 kPa 时，反应的温度称为分解温度。温度对平衡常数的影响，从范特霍夫（van't Hoff）方程式可知：

$$\frac{\mathrm{d}\ln K^\ominus}{\mathrm{d}T}=\frac{\Delta_r H_m^\ominus}{RT^2} \tag{20-3}$$

在一定的温度范围内，$\Delta_r H_m^\ominus$ 可近似视为常数，对式(20-3)积分可得：

定积分：
$$\ln\frac{K_2^\ominus}{K_1^\ominus}=-\frac{\Delta_r H_m^\ominus}{R}\left(\frac{1}{T_2}-\frac{1}{T_1}\right) \tag{20-4}$$

不定积分：
$$\ln K^\ominus=-\frac{\Delta_r H_m^\ominus}{RT}+C \tag{20-5}$$

式中，C 为积分常数。

由下列公式

$$\Delta_r G_m^\ominus = -RT\ln K^\ominus \tag{20-6}$$

$$\Delta_r G_m^\ominus = \Delta_r H_m^\ominus - T\Delta_r S_m^\ominus \tag{20-7}$$

从式(20-5)～式(20-7)可得：

$$C = \frac{\Delta_r S_m^\ominus}{R} \tag{20-8}$$

把式(20-2)和式(20-8)代入式(20-5)可得：

$$\frac{1}{T} = -\frac{R}{\Delta_r H_m^\ominus}\ln\frac{p_{CO_2}}{p^\ominus} + \frac{\Delta_r S_m^\ominus}{\Delta_r H_m^\ominus} \tag{20-9}$$

当 $p_{分} = p^\ominus$ 时，

$$\frac{1}{T_{分}} = \frac{\Delta_r S_m^\ominus}{\Delta_r H_m^\ominus} \tag{20-10}$$

由式(20-9)和式(20-10)可得式(20-11)：

$$\frac{1}{T} = -\frac{R}{\Delta_r H_m^\ominus}\ln\frac{p_{CO_2}}{p^\ominus} + \frac{1}{T_{分}} \tag{20-11}$$

在温度变化不大的范围内，可认为 $\Delta_r H_m^\ominus$ 和 $\Delta_r S_m^\ominus$ 变化不多，因此通过作 $\frac{1}{T}$ 和 $\ln\frac{p_{CO_2}}{p^\ominus}$ 的线性关系图可得 $CaCO_3$ 分解反应的平均反应热和反应平均的熵变化。

【实验仪器与药品】

仪器：SK2-1-10H 电阻炉、石英管、控温仪、瓷舟、DP-A 精密数字压力计、胶塞、循环水多用真空泵、电子天平。

药品：粉状 $CaCO_3$（优级纯）。

【实验装置】

实验装置如图 20-1 所示。

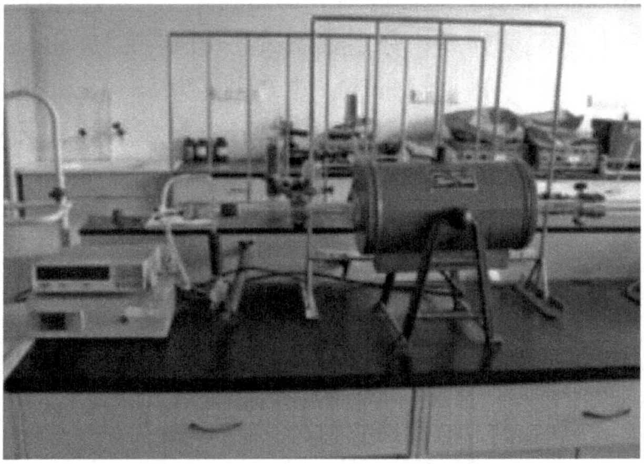

图 20-1　碳酸钙热分解装置图

【实验步骤】

1. 装样

称取 $CaCO_3$ 粉末大约 5 g，装入瓷舟中压实，然后推入石英管恒温区，塞紧石英管口。

2. 抽真空

接通真空泵电源，打开真空活塞，抽真空至压力读数不再变化为止，关闭活塞，采零。系统的检漏：若 5 min 内压力表数据基本稳定或变化小于 1 kPa，可认为不漏气，若漏气，应找出漏气原因，解决后，再检查至不漏气方可进行实验。设定温控仪的温度为 600 ℃。

3. 抽净残余气体

当温度上升至 600 ℃恒温 5 min 后，须再次打开真空活塞，抽气 5 min，直到数据稳定，目的是除去 $CaCO_3$ 中所含的水分及其他挥发物质。关上活塞，再次按“采零”键，以保证所测压力值最佳，在随后的测量中不可再按下“采零”键。

4. 测量不同温度下 $CaCO_3$ 的分解压

设定测定温度，设定升温时间、恒温时间，恒温后每隔 2 min 读取一次压力值，直至两次压力差变化不超过 2%，最后一个测定温度的恒温时间应大于 20 min。在恒温时，待压力表读数稳定取其平均值，即为该温度下 $CaCO_3$ 的分解压。分别测定 700 ℃、750 ℃、800 ℃、850 ℃、880 ℃时 $CaCO_3$ 的分解压。

5. 实验结束后，关闭仪器，停止加热并将系统通大气。

【注意事项】

1. 启停真空泵前，必须使泵与大气相通。

2. 瓷舟中 $CaCO_3$ 粉末要缓慢压实，保证反应过程中有足量 $CaCO_3$，但也不能太紧，否则反应平衡时间过长。

3. 热电偶的热端和瓷舟均应放在石英管中部的恒温区，目的是保证样品受热均匀，测定温度准确。

4. 在系统检漏时，抽真空关闭活塞后，若 5 min 内压力表示数基本稳定即变化小于 1 kPa，可认为装置不漏气，如若漏气找到漏气原因并处理好方可进行实验。

5. $CaCO_3$ 粉末中难免会有水分及其他挥发物质，因此加热到 600 ℃使其蒸发，须重新抽气一次。

6. 采用数字压力计读数时，重新抽气后须按“采零”键，保证所测压力值最佳，在随后的测量中不可再按下“采零”键。

7. 每次调温时都要选择合适的升温速率，速率太快，可能导致测出的温度偏高而分解压偏低；速率太慢，低温时可能会由于漏气使分解压偏高。

【数据处理】

室温：____________℃；大气压：__________kPa；样品质量：_____ g

1. 不同温度下 $CaCO_3$ 分解压测定数据列表。

反应温度 T	$1/T$	压力计读数	$\ln(p_{CO_2}/p^{\ominus})$

2. 作 $\frac{1}{T}-\ln\frac{p_{CO_2}}{p^{\ominus}}$ 图，从斜率及截距求出 $\Delta_r H_m^{\ominus}$、$\Delta_r S_m^{\ominus}$、分解温度 $T_{分解}$。

【思考与讨论】

1. 是否需要估计 $CaCO_3$ 的最小用量？如需要，如何估算？是否需要准确称量碳酸钙的重量？

2. 如何确定在温度一定下碳酸钙分解达到平衡？

第三部分　Origin软件在物理化学实验中的应用

Origin 是由 OriginLab 公司开发的一个科学绘图、数据分析软件，支持在 Microsoft Windows 下运行。Origin 支持各种各样的 2D/3D 图形；Origin 中的数据分析功能包括统计、信号处理、曲线拟合以及峰值分析。Origin 中的曲线拟合是采用基于 Levernberg-Marquardt 算法（LMA）的非线性最小二乘法拟合。Origin 有强大的数据导入功能，支持多种格式的数据，包括 ASCⅡ、Excel、NI TDM、DIADem、NetCDF、SPC 等等。其图形输出格式多样，例如 JPEG、GIF、EPS、TIFF 等。内置的查询工具可通过 ADO 访问数据库数据。

Ⅰ. Origin 软件基础使用篇
——以蔗糖水解速率方程的数据处理为例

Origin 作为数据处理的第一选择软件，因数据处理精度高、图表个性化美观等优势被广大科研工作者选用。Origin 软件在物理化学教学中起着举足轻重的作用，是学生学习和研究物理化学的重要手段和途径，在训练学生科学地设计实验，培养学生分析、解决问题的能力以及建立科学思维方法等方面，发挥着重要作用。

本节以"蔗糖水解速率常数的测定"实验数据处理为示例，详述了有关 Origin 软件中数据输入、图形绘制、数据拟合、美化图形、图形输出等基本功能模块的使用方法。

图Ⅰ-1

双击软件启动图标（图Ⅰ-1），进入 Origin 软件运行界面。

先在 Excel 里进行数据处理，通过公式等功能或者自行计算，得到时间 t 对应的 ln（$\alpha_t-\alpha_\infty$）。

在 Origin 上方菜单栏中的命令有：File（文件）、Edit（编辑）、View（视图）、Plot（绘图）、Column（数据）等选项。

（1）数据输入

将鼠标放至黑色框，右击粘贴数据（图Ⅰ-2）。其中，"Long Name"意为坐标名，可在此时为坐标命名，也可在作图后命名。

（2）图形绘制

① 选中用于作图的数据列，选择作点图"Scatter"（选择点图"Scatter"后，注意下面一列选项，如果只需线条不要数据点，就选择左边第一个选项，如果线条和点都需要显示，就选择左边第三个选项），如图Ⅰ-3 所示。

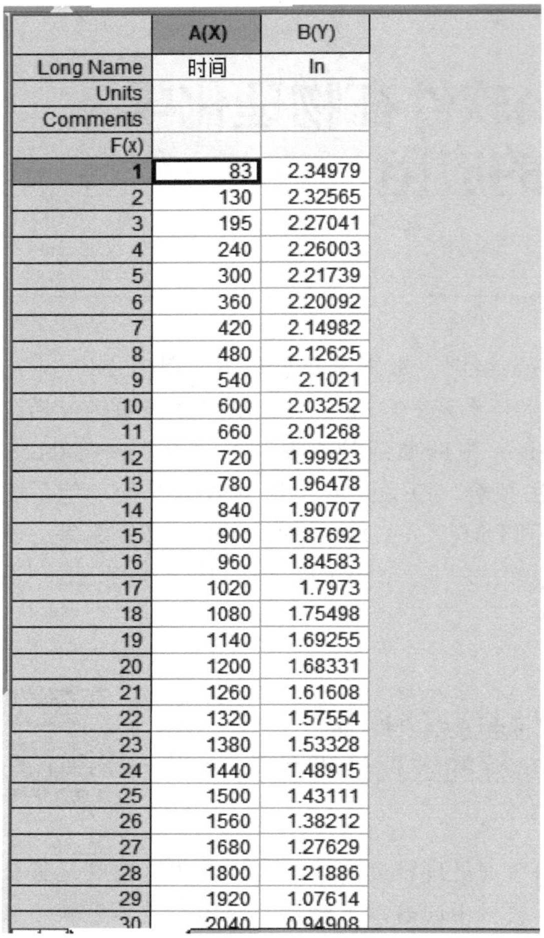

	A(X)	B(Y)
Long Name	时间	ln
Units		
Comments		
F(x)		
1	83	2.34979
2	130	2.32565
3	195	2.27041
4	240	2.26003
5	300	2.21739
6	360	2.20092
7	420	2.14982
8	480	2.12625
9	540	2.1021
10	600	2.03252
11	660	2.01268
12	720	1.99923
13	780	1.96478
14	840	1.90707
15	900	1.87692
16	960	1.84583
17	1020	1.7973
18	1080	1.75498
19	1140	1.69255
20	1200	1.68331
21	1260	1.61608
22	1320	1.57554
23	1380	1.53328
24	1440	1.48915
25	1500	1.43111
26	1560	1.38212
27	1680	1.27629
28	1800	1.21886
29	1920	1.07614
30	2040	0.94908

图Ⅰ-2

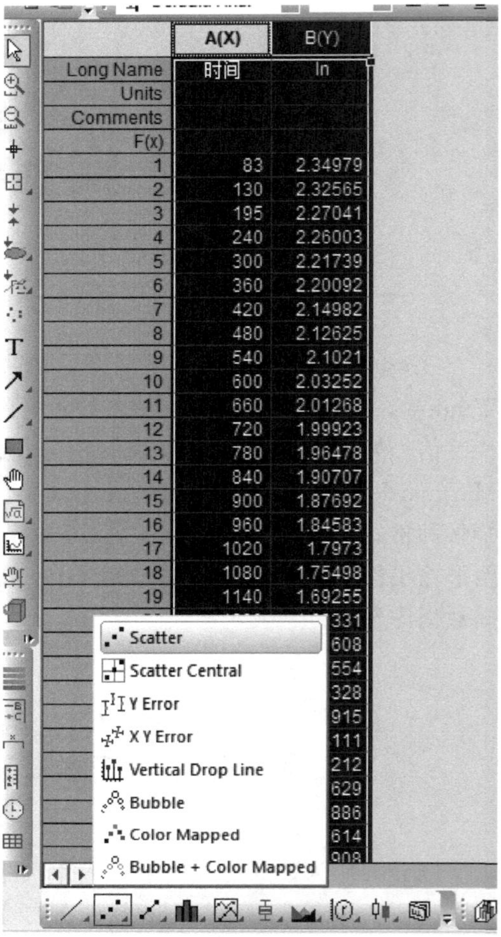

	A(X)	B(Y)
1	83	2.34979
2	130	2.32565
3	195	2.27041
4	240	2.26003
5	300	2.21739
6	360	2.20092
7	420	2.14982
8	480	2.12625
9	540	2.1021
10	600	2.03252
11	660	2.01268
12	720	1.99923
13	780	1.96478
14	840	1.90707
15	900	1.87692
16	960	1.84583
17	1020	1.7973
18	1080	1.75498
19	1140	1.69255

图Ⅰ-3

② 选择后，出现图Ⅰ-4。

(3) 数据拟合

① 单击选中数据点。

② 在工具栏中选择“Analysis”→“Fitting”→“Linear Fit”→“Open Dialog”(图Ⅰ-5)。

弹出如图Ⅰ-6所示对话框。

③ 点击图标，该对话框会缩小，回到原点图，在原点图中选择需要拟合的数据范围(图Ⅰ-7)。

④ 单击框入需要拟合的数据后，会出现如图Ⅰ-4所示的图形。

⑤ 再打开“Linear Fit”的对话框，此时数据选择完毕，点击“OK”，数据拟合完成(图Ⅰ-8)。

接下来，会弹出一个对话框(图Ⅰ-9)。

点击“Yes”，弹出如图Ⅰ-10所示表格文件(该文件是拟合后的具体数据)，将它最小化，便可以看到拟合好的图(图Ⅰ-11)。

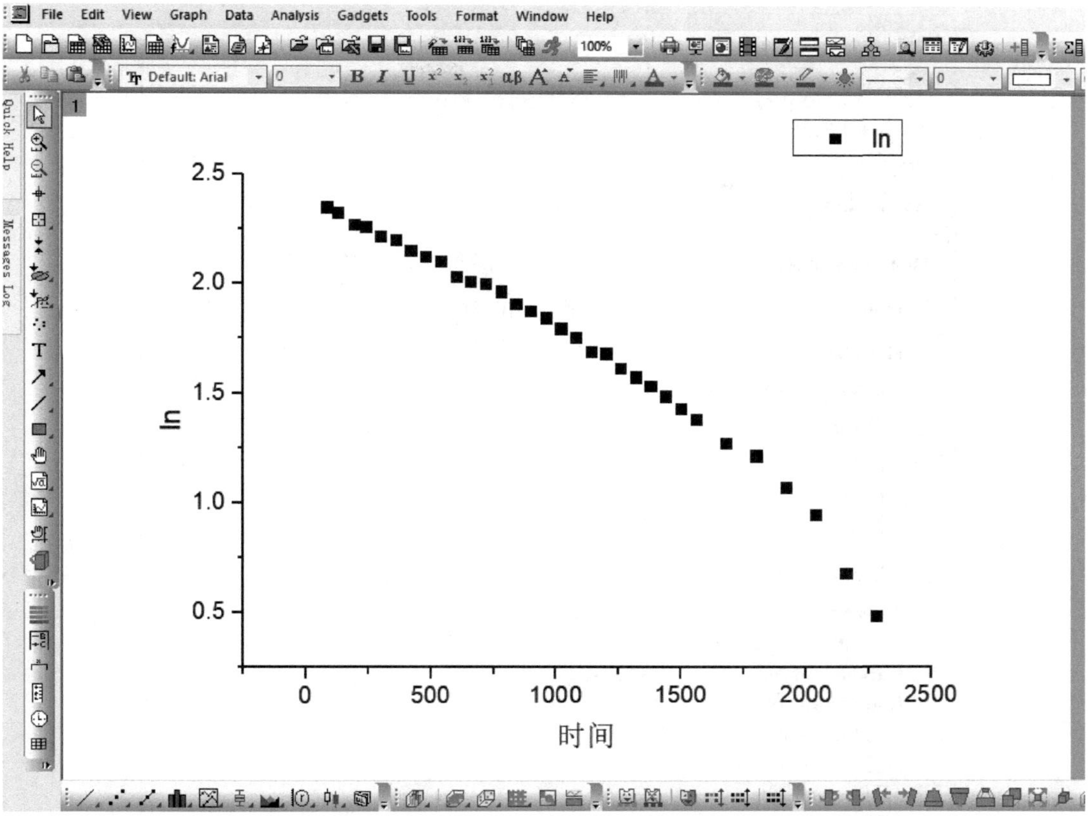
File Edit View Graph Data Analysis Gadgets Tools Format Window Help
100%
Default: Arial
Quick Help
Messages Log
1
ln
2.5
2.0
1.5
1.0
0.5
0
500
1000
1500
2000
2500
时间

图Ⅰ-4

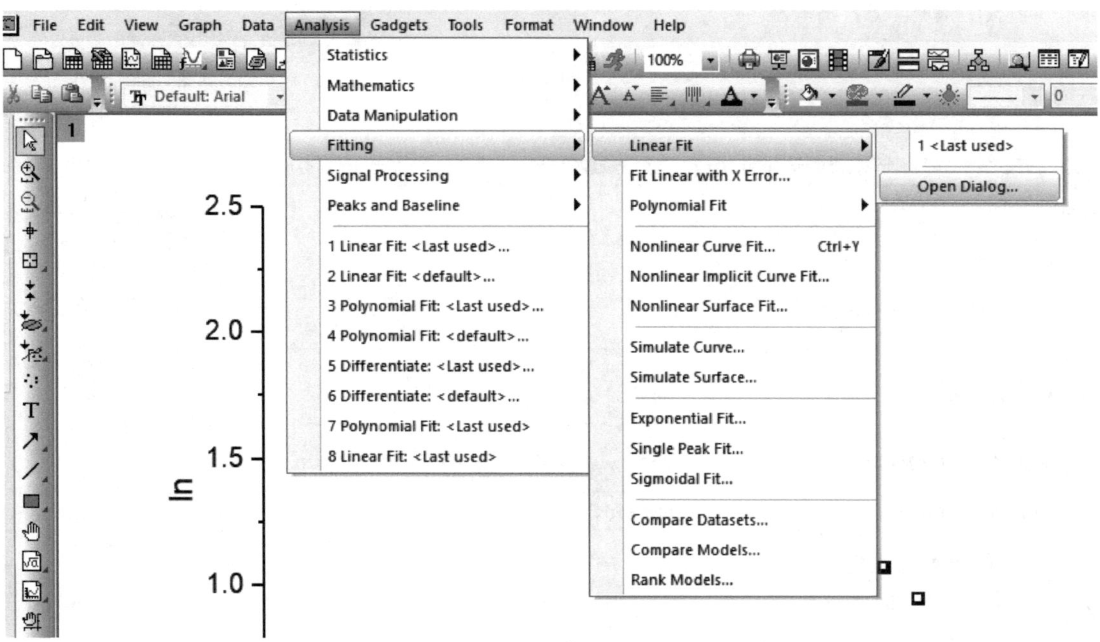
File Edit View Graph Data Analysis Gadgets Tools Format Window Help
100%
Default: Arial
Statistics
Mathematics
Data Manipulation
Fitting
Signal Processing
Peaks and Baseline
1 Linear Fit: <Last used>...
2 Linear Fit: <default>...
3 Polynomial Fit: <Last used>...
4 Polynomial Fit: <default>...
5 Differentiate: <Last used>...
6 Differentiate: <default>...
7 Polynomial Fit: <Last used>
8 Linear Fit: <Last used>
Linear Fit
Fit Linear with X Error...
Polynomial Fit
Nonlinear Curve Fit... Ctrl+Y
Nonlinear Implicit Curve Fit...
Nonlinear Surface Fit...
Simulate Curve...
Simulate Surface...
Exponential Fit...
Single Peak Fit...
Sigmoidal Fit...
Compare Datasets...
Compare Models...
Rank Models...
1 <Last used>
Open Dialog...
1
2.5
2.0
1.5
1.0
ln

图Ⅰ-5

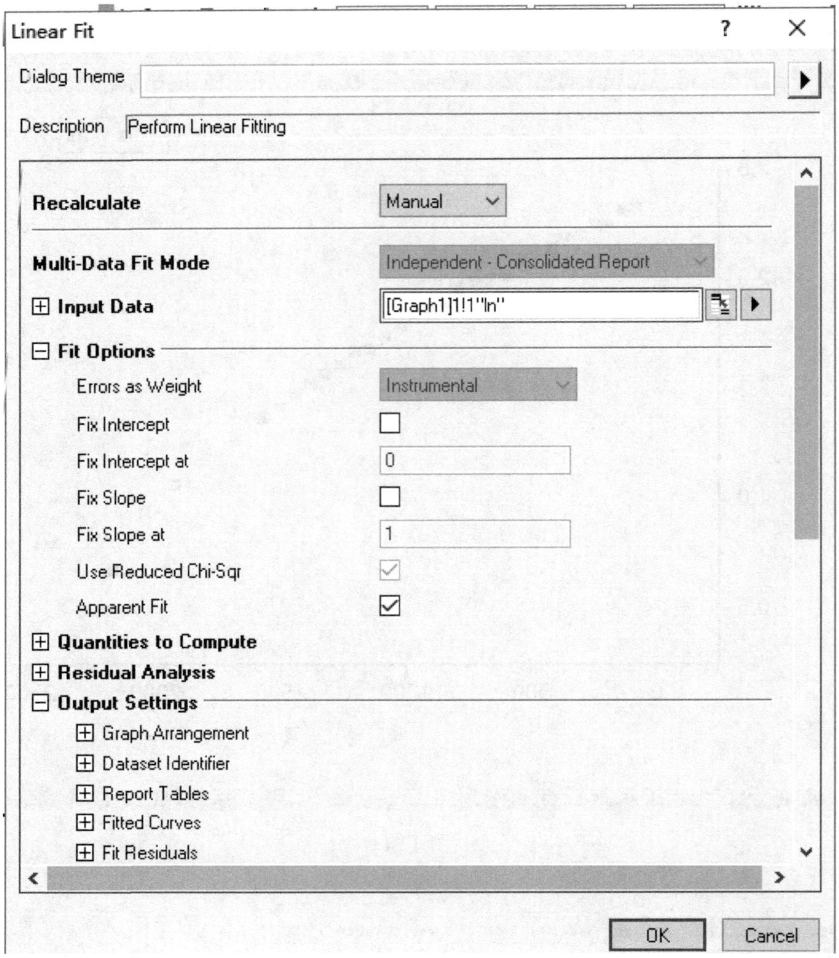
Linear Fit
Dialog Theme
Description
Perform Linear Fitting
Recalculate
Manual
Multi-Data Fit Mode
Independent - Consolidated Report
Input Data
[Graph1]1!1"ln"
Fit Options
Errors as Weight
Instrumental
Fix Intercept
Fix Intercept at
0
Fix Slope
Fix Slope at
1
Use Reduced Chi-Sqr
Apparent Fit
Quantities to Compute
Residual Analysis
Output Settings
Graph Arrangement
Dataset Identifier
Report Tables
Fitted Curves
Fit Residuals
OK
Cancel

图Ⅰ-6

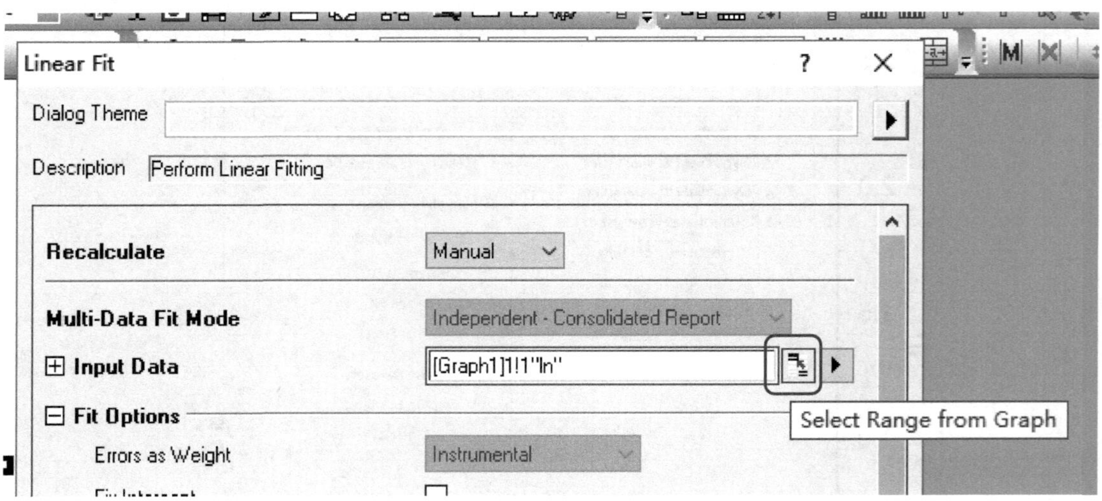
Linear Fit
Dialog Theme
Description
Perform Linear Fitting
Recalculate
Manual
Multi-Data Fit Mode
Independent - Consolidated Report
Input Data
[Graph1]1!1"ln"
Select Range from Graph
Fit Options
Errors as Weight
Instrumental

图Ⅰ-7

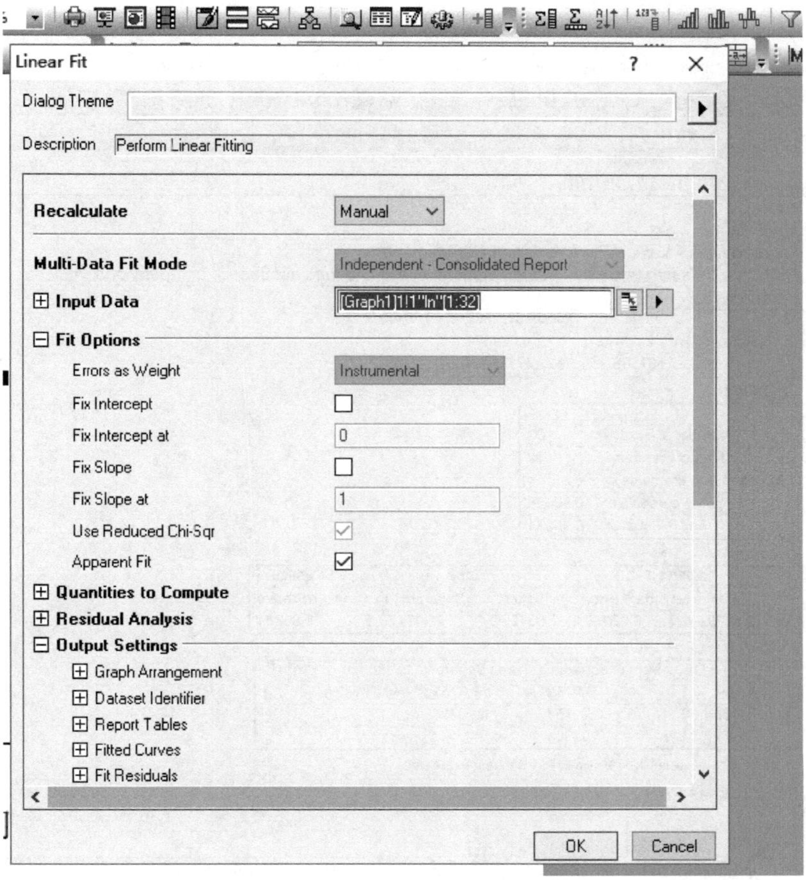
Linear Fit
Dialog Theme
Description
Perform Linear Fitting
Recalculate
Manual
Multi-Data Fit Mode
Independent - Consolidated Report
Input Data
Fit Options
Errors as Weight
Instrumental
Fix Intercept
Fix Intercept at
Fix Slope
Fix Slope at
Use Reduced Chi-Sqr
Apparent Fit
Quantities to Compute
Residual Analysis
Output Settings
Graph Arrangement
Dataset Identifier
Report Tables
Fitted Curves
Fit Residuals
OK
Cancel

图Ⅰ-8

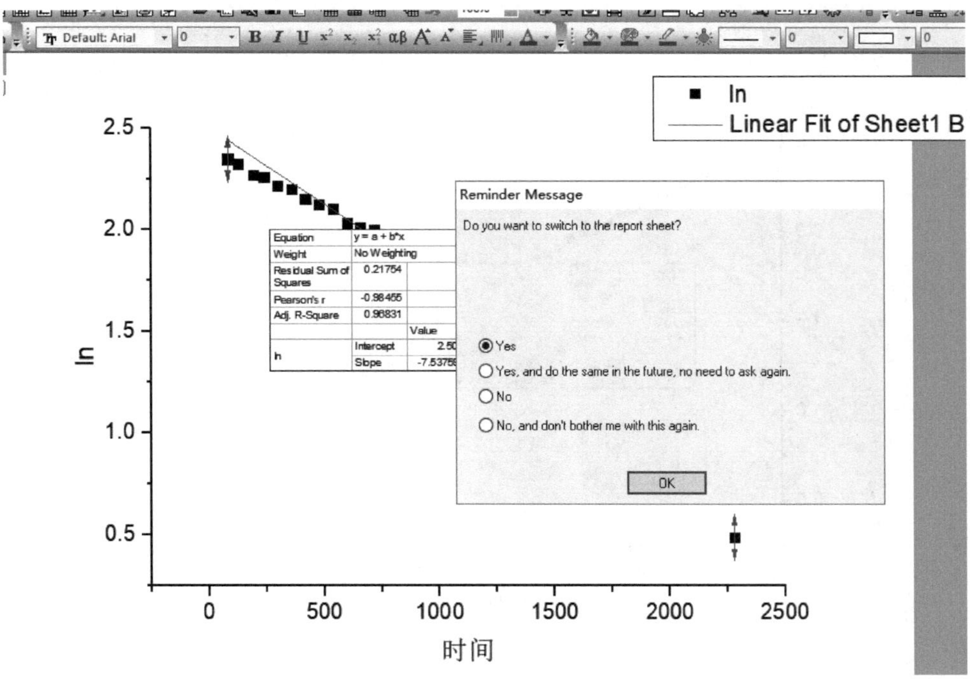
ln
Linear Fit of Sheet1 B
Reminder Message
Do you want to switch to the report sheet?
Yes
Yes, and do the same in the future, no need to ask again.
No
No, and don't bother me with this again.
OK
时间

图Ⅰ-9

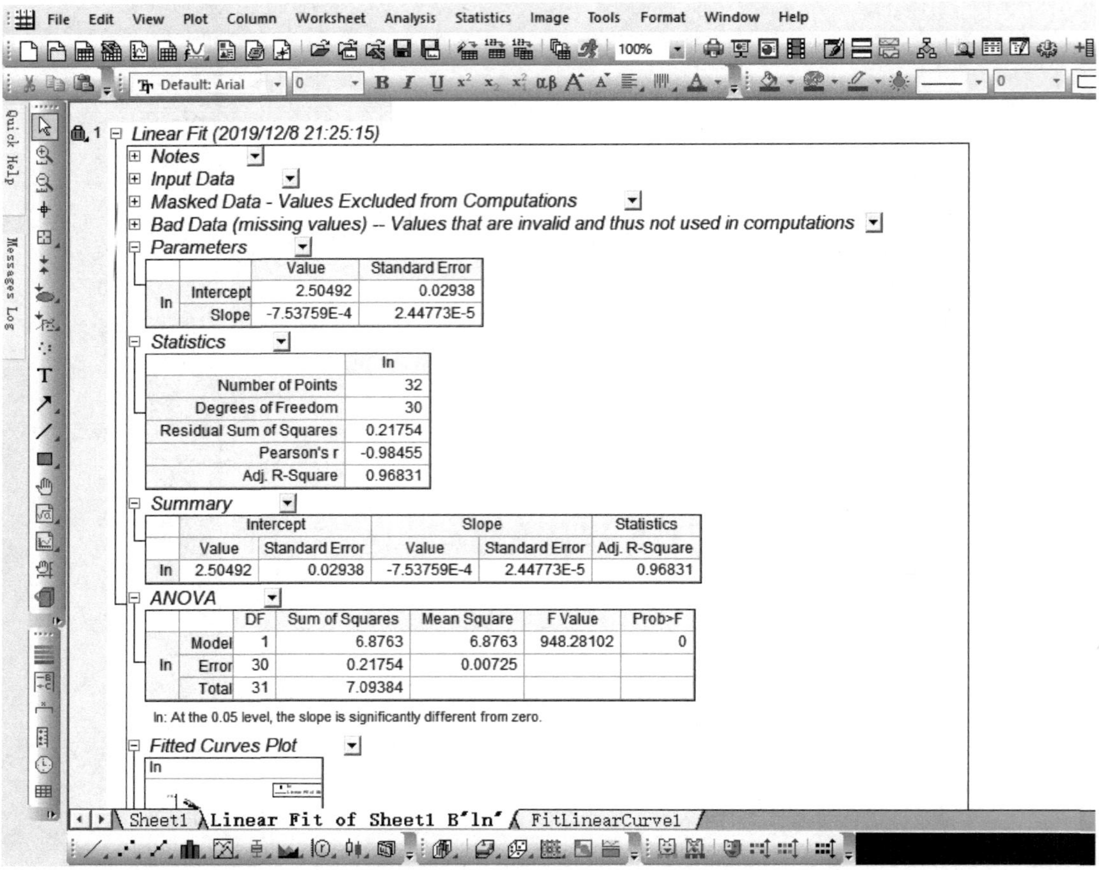
File Edit View Plot Column Worksheet Analysis Statistics Image Tools Format Window Help
Linear Fit (2019/12/8 21:25:15)
Notes
Input Data
Masked Data - Values Excluded from Computations
Bad Data (missing values) -- Values that are invalid and thus not used in computations
Parameters
Value Standard Error
ln Intercept 2.50492 0.02938
Slope -7.53759E-4 2.44773E-5
Statistics
ln
Number of Points 32
Degrees of Freedom 30
Residual Sum of Squares 0.21754
Pearson's r -0.98455
Adj. R-Square 0.96831
Summary
Intercept Slope Statistics
Value Standard Error Value Standard Error Adj. R-Square
ln 2.50492 0.02938 -7.53759E-4 2.44773E-5 0.96831
ANOVA
DF Sum of Squares Mean Square F Value Prob>F
ln Model 1 6.8763 6.8763 948.28102 0
Error 30 0.21754 0.00725
Total 31 7.09384
ln: At the 0.05 level, the slope is significantly different from zero.
Fitted Curves Plot
Sheet1 Linear Fit of Sheet1 B"ln" FitLinearCurve1

图Ⅰ-10

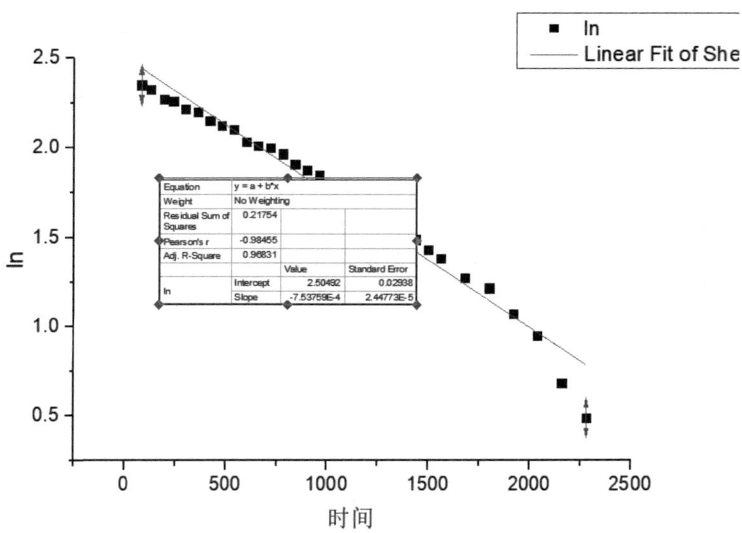
ln
Linear Fit of She
Equation y = a + b*x
Weight No Weighting
Residual Sum of Squares 0.21754
Pearson's r -0.98455
Adj. R-Square 0.96831
Value Standard Error
ln Intercept 2.50492 0.02938
Slope -7.53759E-4 2.44773E-5
2.5
2.0
1.5
1.0
0.5
ln
0
500
1000
1500
2000
2500
时间

图Ⅰ-11

（4）美化图形

① 单击拟合数据框（图Ⅰ-11），可以将其移动至有较大空位的地方（图Ⅰ-12），并且可以拖拉四个角使之变大。

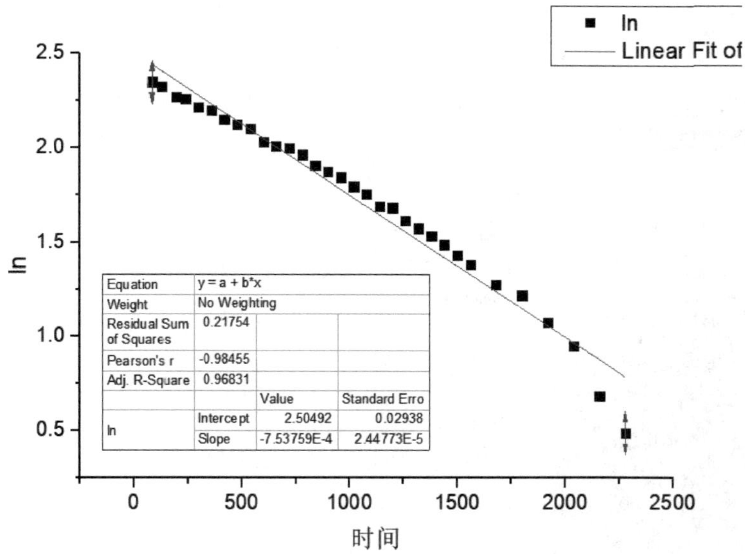

图Ⅰ-12

② 单击选择拟合线条，可在工具栏选择线条的宽度（推荐宽度：1.5），也可以单击改变线条的颜色，如图Ⅰ-13所示。

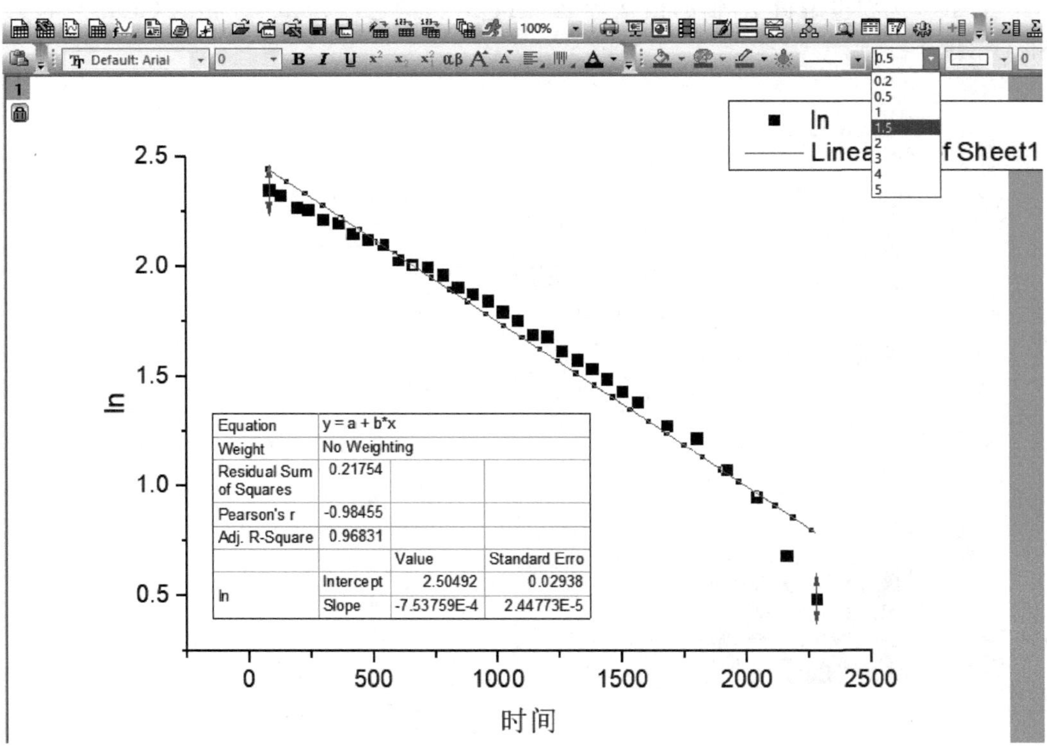

图Ⅰ-13

③ 更改 X 轴坐标的形式，双击 X 轴坐标，会弹出以下对话框（图Ⅰ-14）。

“Scale” 选项主要调整 X 轴的范围，每大格（Major Ticks）的间距值是多少，以及每大格里有几个小格（Minor Ticks）。

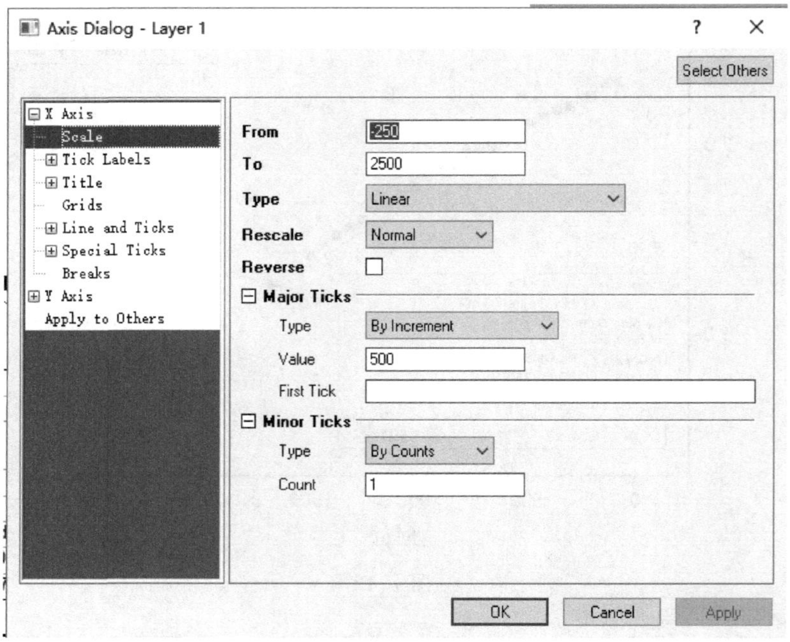

图Ⅰ-14

“Title” 选项里编辑 X 轴的横坐标名（Text）、颜色（Color）、格式(Font）和大小(Size)（图Ⅰ-15）。

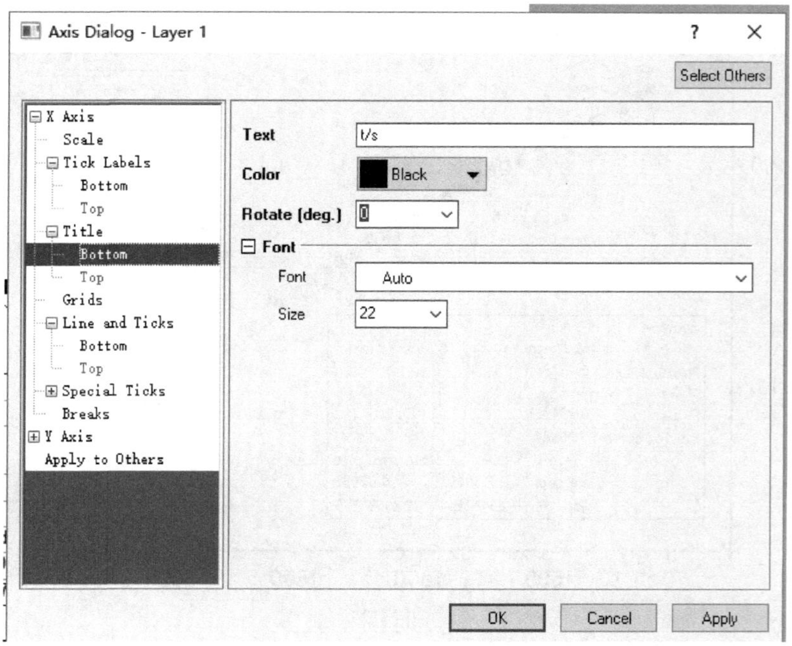

图Ⅰ-15

"Line and Ticks"选项里可以编辑横坐标的颜色（Color）、宽度（Thickness），以及横坐标的单位标的朝向（Major Ticks 和 Minor Ticks）（图Ⅰ-16）。

输入完成后，点击"OK"，X 轴的形式就设置完成。

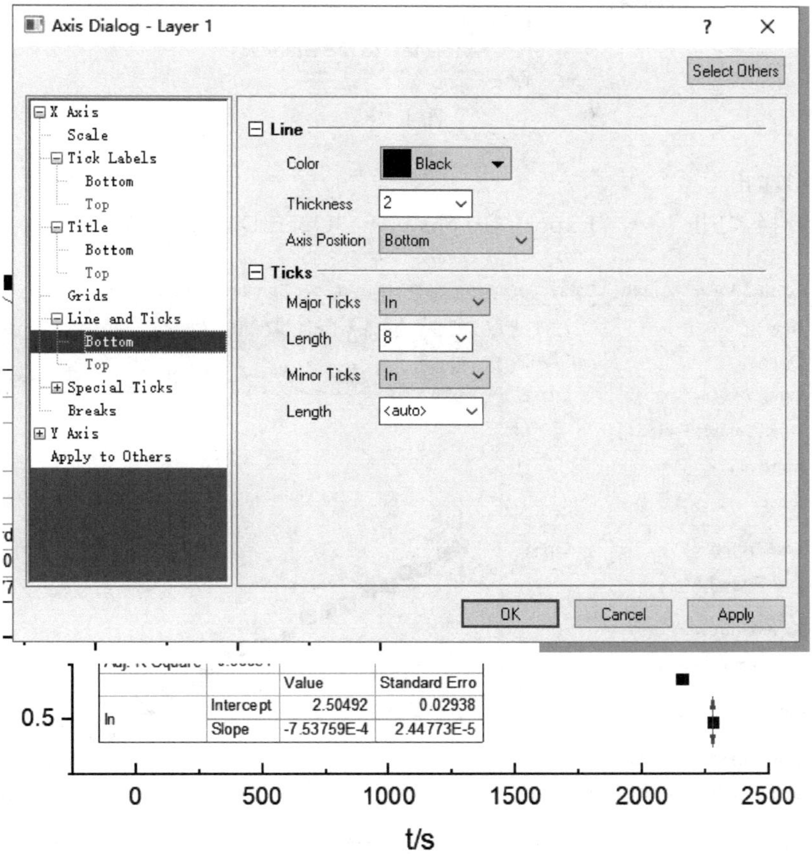

图Ⅰ-16

④ Y 轴的形式更改同理，整体效果如图Ⅰ-17 所示。

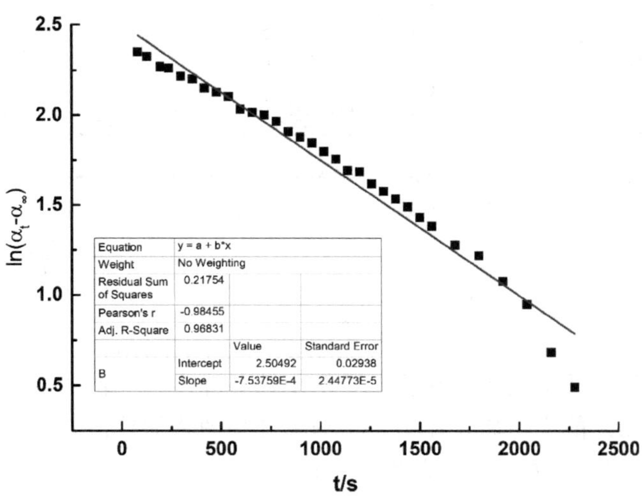

图Ⅰ-17

⑤ 若需要添加文本，选择纵向工具栏中的“T”，便可以在图中添加文字（图Ⅰ-18）。

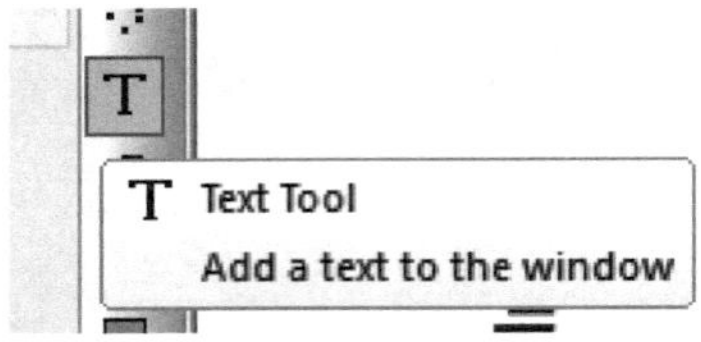

图Ⅰ-18

（5）图形输出

单击工具栏“File”→“Export Graphs”→“Open Dialog”（图Ⅰ-19）。

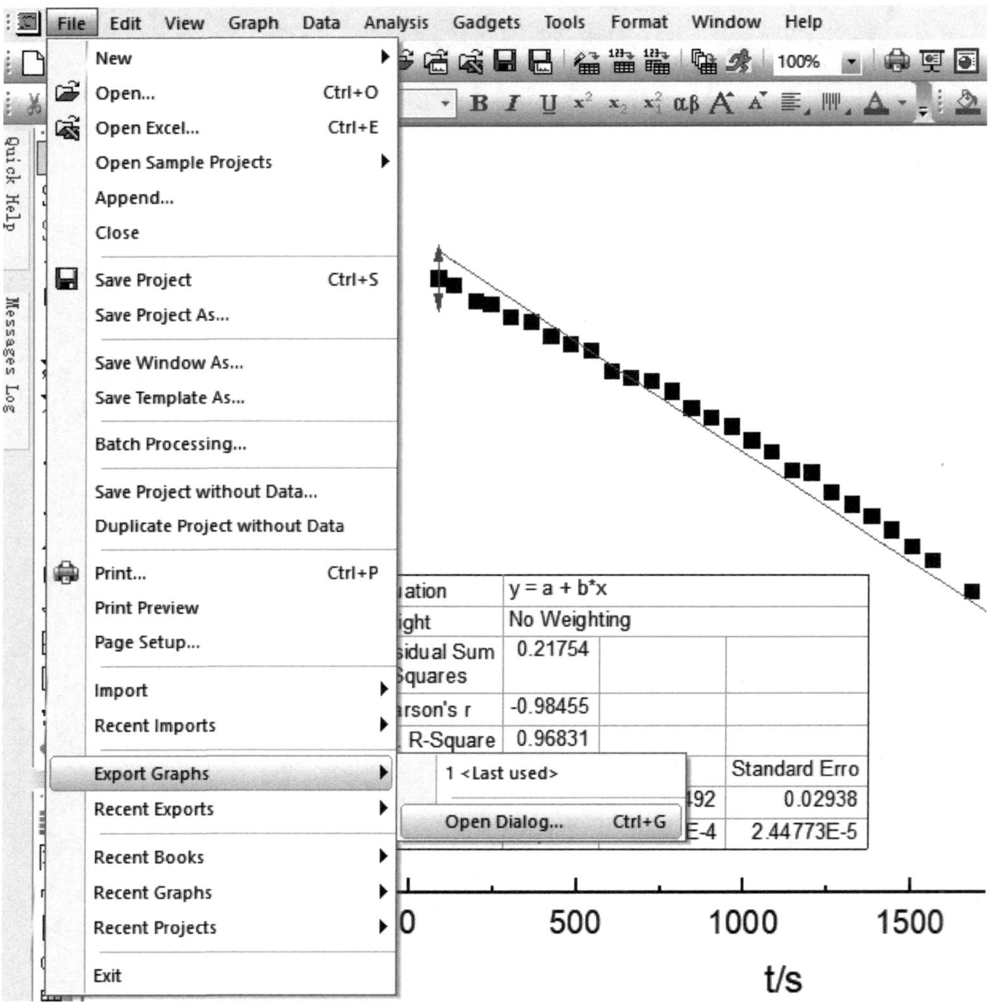

图Ⅰ-19

出现以下对话框：从上往下，在第一个框中选择导出图片格式（jpg 或者 png）；在第二个框中输入导出图片的文件名；在第三个框中选择图片的导出路径；最后第四个框点击“OK”，便可在设置路径中找到导出的图片（图Ⅰ-20）。

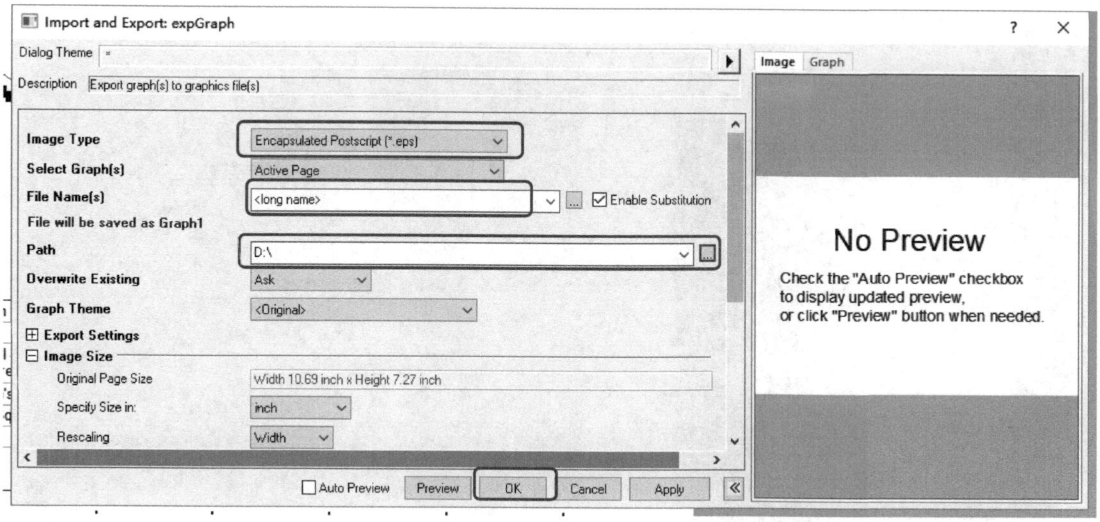

图Ⅰ-20

Ⅱ. Origin 软件应用篇 1
——以燃烧热：雷诺校正曲线数据处理为例

1. 双击软件启动图标，进入 Origin 软件运行界面，将数据输入 Sheet 1，并输入相应坐标和单位（图Ⅱ-1）。

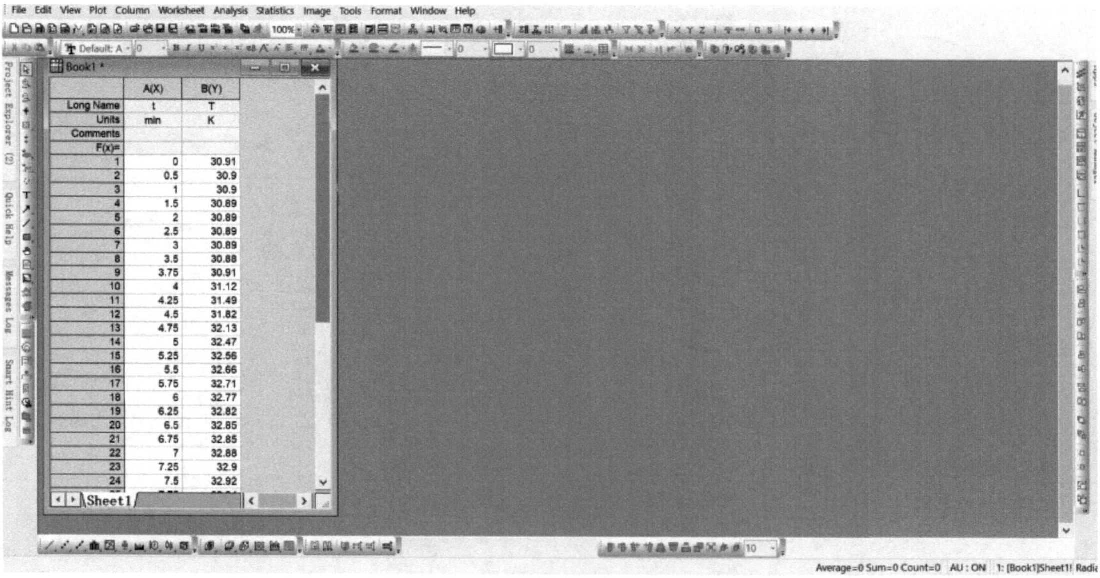

图Ⅱ-1

2. 选中数据后，点击“Plot”→“Line+Symbol”→“Line+Symbol”，生成所要绘制的图线（图Ⅱ-2）。

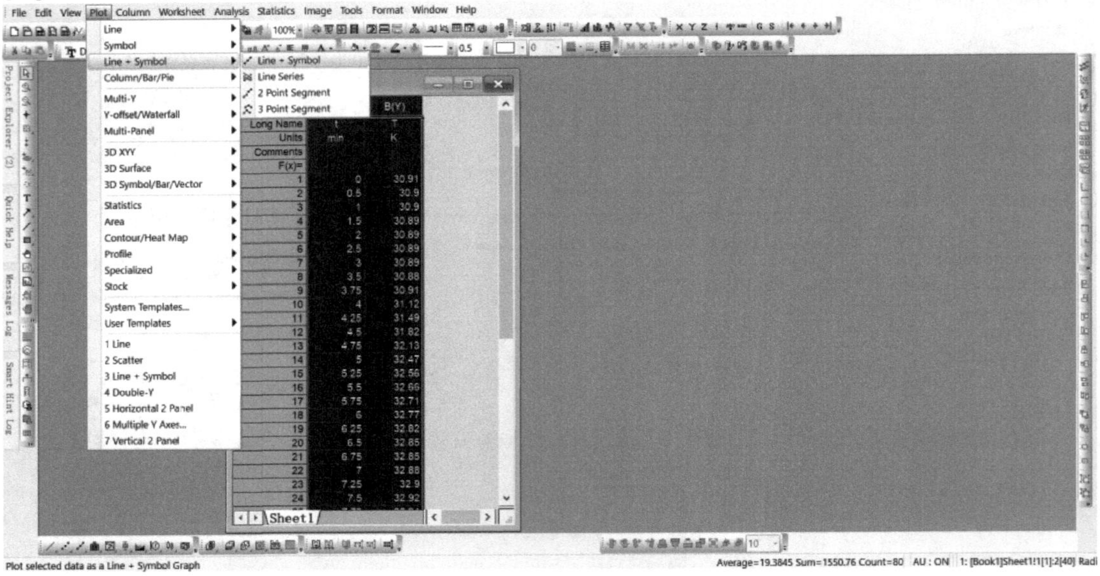

图 Ⅱ-2

3. 对绘制的图形进行处理：可以注意到该窗口的菜单命令与工作表窗口不同，有“Graph”图形、“Book”（数据）等，根据生成顺序自动排序，例如，此图像为“Graph 1”（图 Ⅱ-3）。

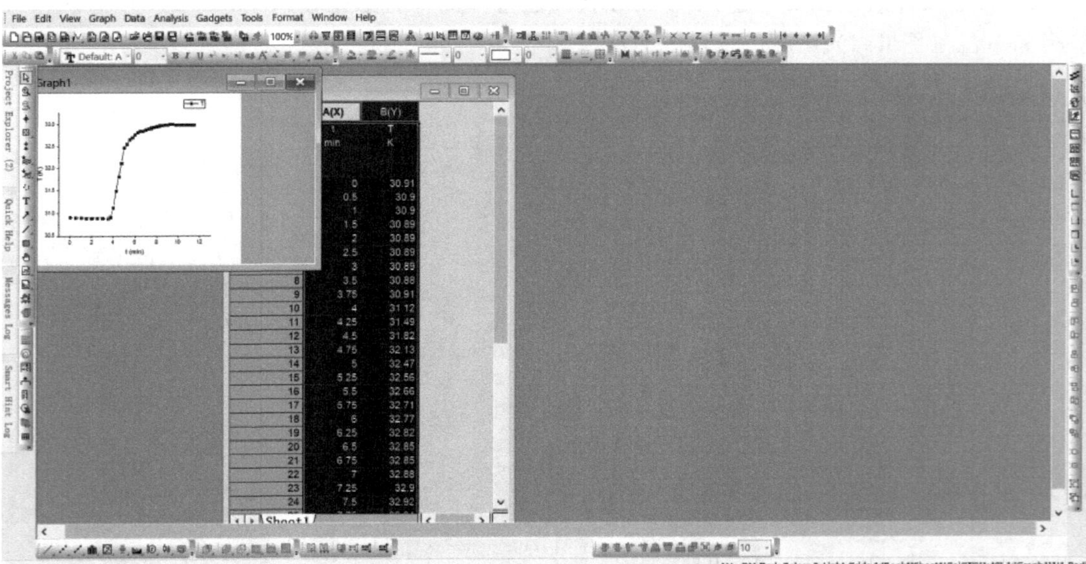

图 Ⅱ-3

双击图形上的点，可进行点的大小调整（图 Ⅱ-4）。

4. 对点火前后的 T-t 点线图进行线性拟合，点击“Analysis”→“Fitting”→“Linear Fit”（→“Open Dialog”），若之前在软件中使用过线性拟合操作，则系统会有记忆性，出现快捷选项“Last used”（图 Ⅱ-5）。

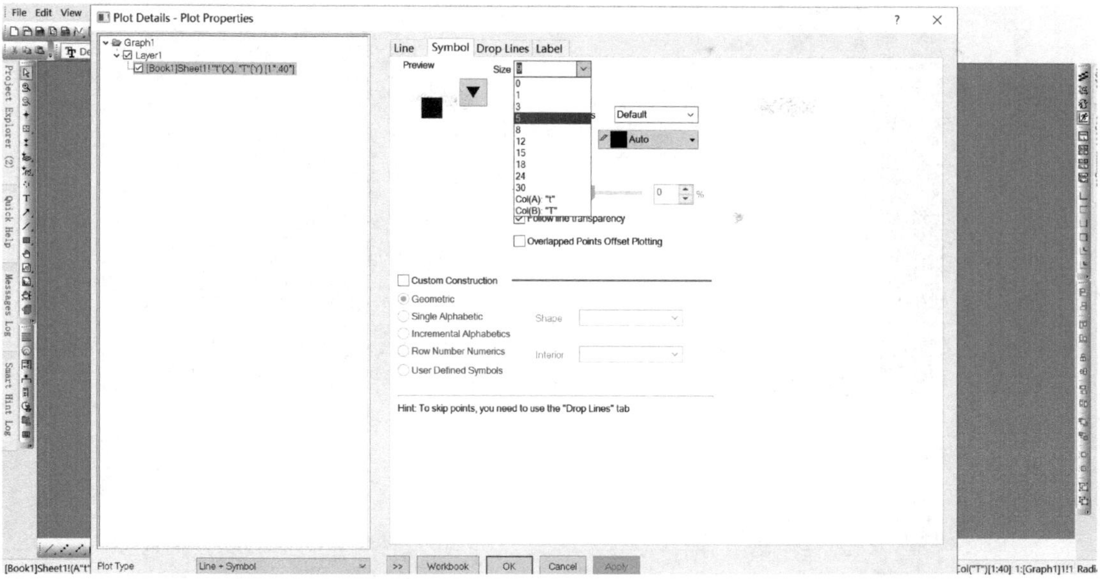

图Ⅱ-4

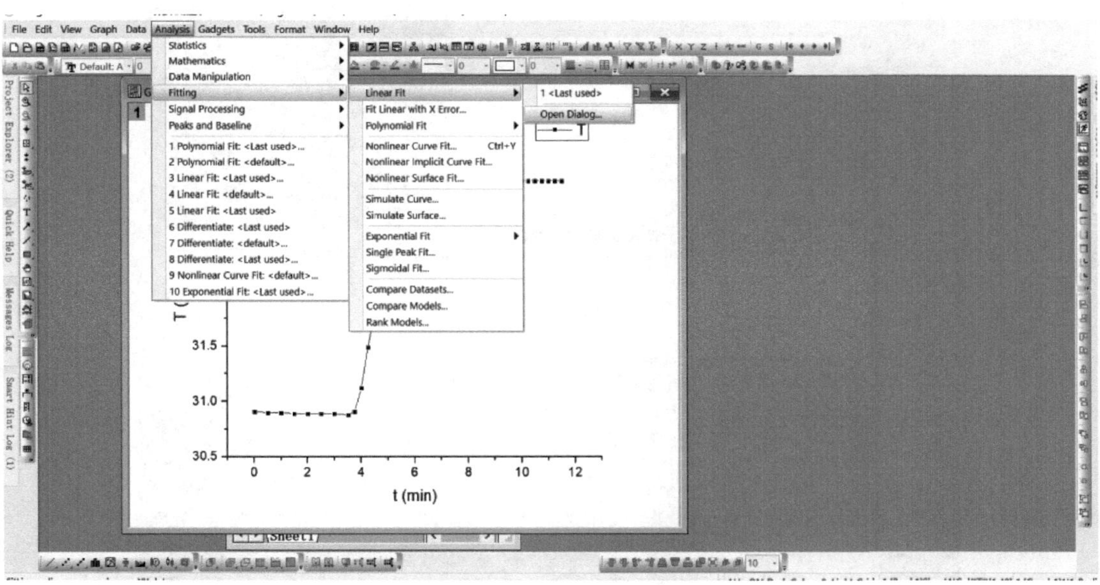

图Ⅱ-5

5. 参数设置。

(1) 点击 “Input” → “Input Data”，点击图标 (图Ⅱ-6)。

(2) 框选点火前的若干点，之后点击图标，回到参数设置对话框 (图Ⅱ-7)。

(3) 在该对话框的 “Fitted Curves Plot” 中选择 “Range” 菜单栏中的 “Span to Full Axis Range”，之后点击 “OK” 进行拟合，这样可将拟合直线扩展至全范围 (图Ⅱ-8)。

6. 图Ⅱ-9 为参考拟合结果。

7. 选中拟合直线并双击，可对拟合直线的颜色、粗细等进行调整 (建议将 Width 改为 1.5) (图Ⅱ-10)。

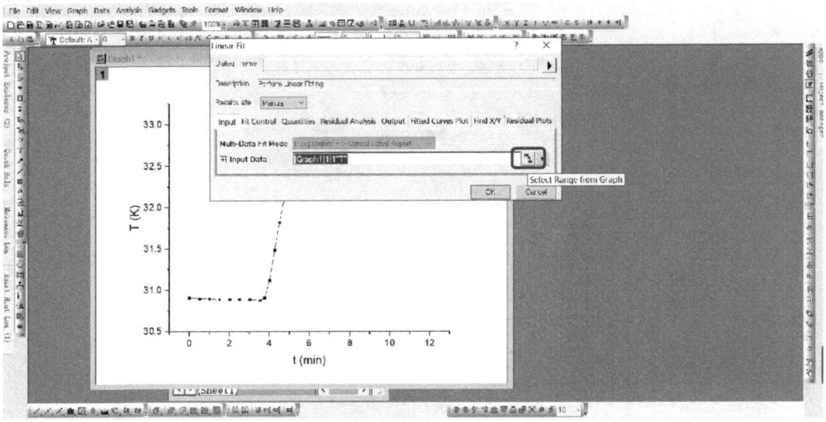

图Ⅱ-6

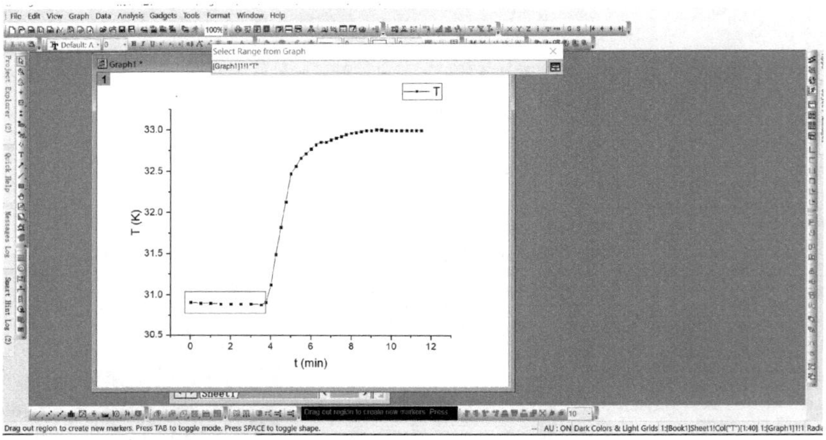

图Ⅱ-7

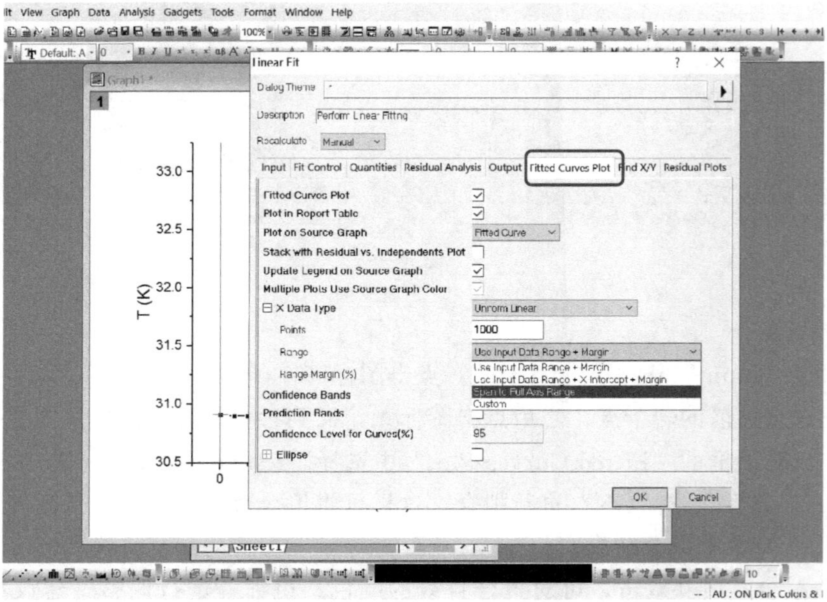

图Ⅱ-8

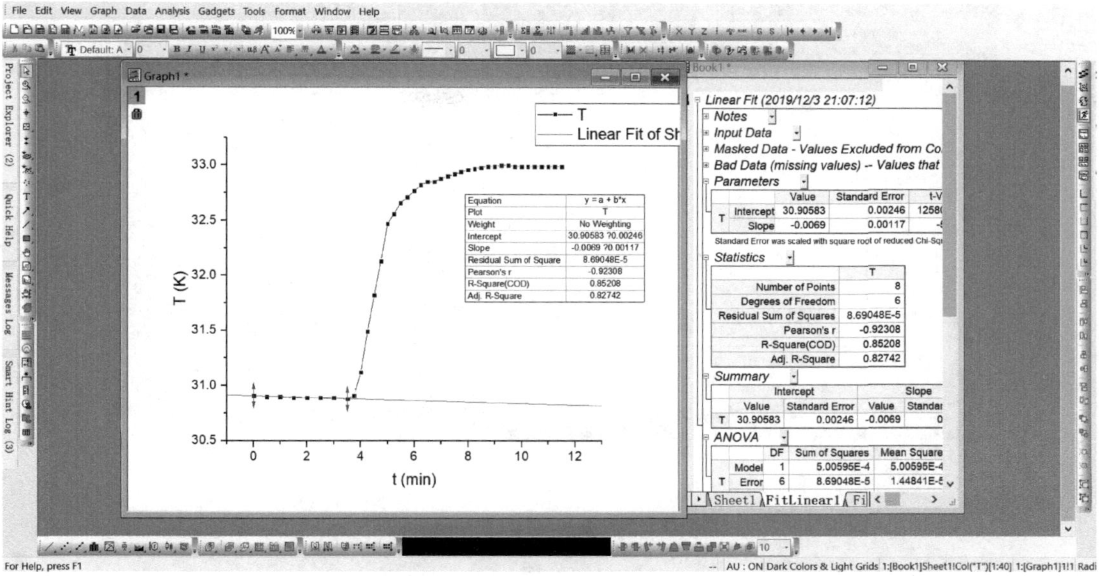

图Ⅱ-9

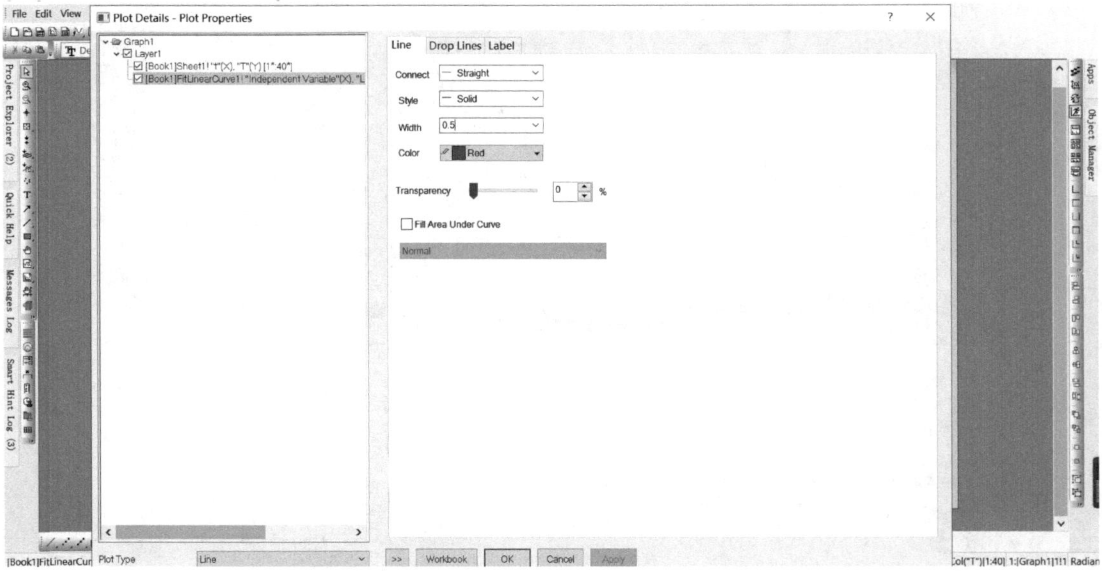

图Ⅱ-10

8. 同样地，可将点火后若干点的直线进行拟合，结果如图Ⅱ-11所示。

9. 积分：在主菜单栏中选择“Gadgets”→“Integrate”（图Ⅱ-12）。

10. 在“Integrate”对话框中设置参数。

（1）选择“ROI Box”→“X Scale”，根据图形的横坐标大致设置From、to数值（之后再进行细调整）（图Ⅱ-13）。

（2）在“Integrate”对话框的“Baseline”菜单栏中“Mode”选择“Use Existing Dataset”（图Ⅱ-14）。

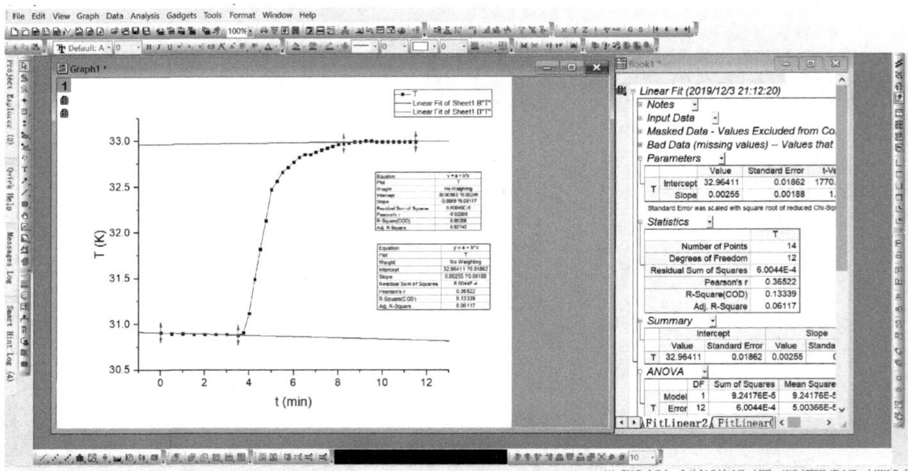

图Ⅱ-11

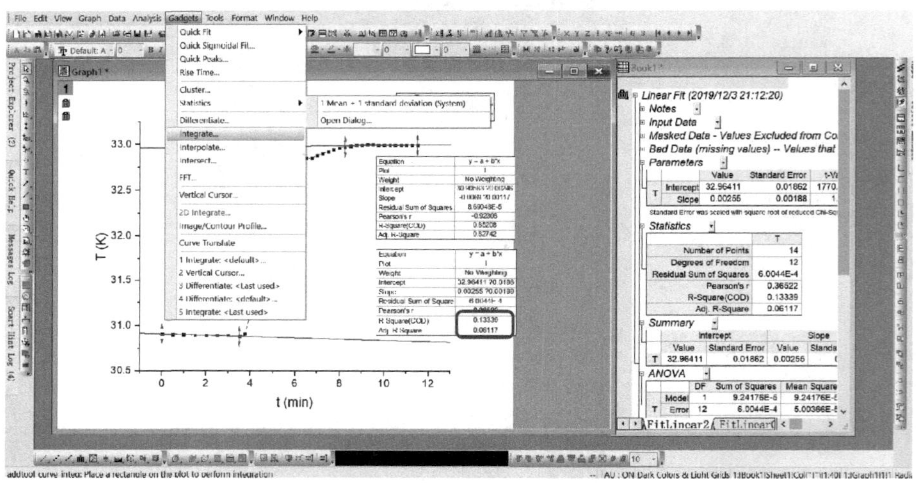

图Ⅱ-12

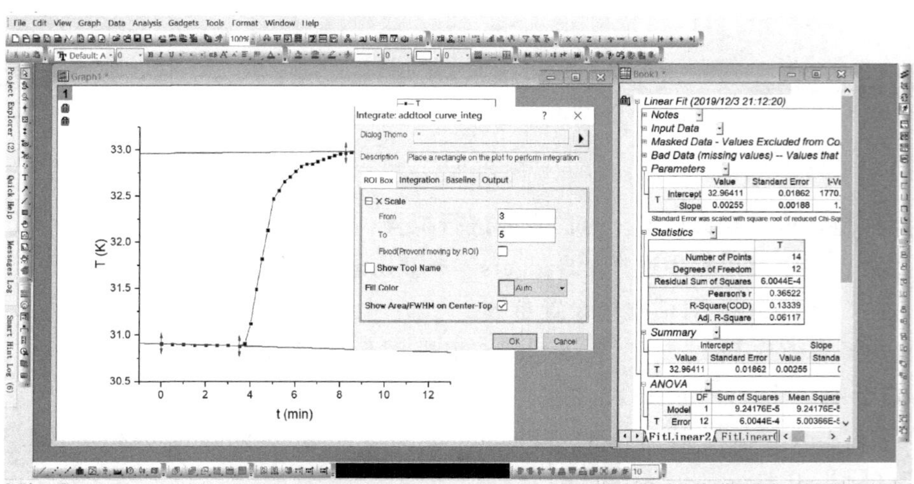

图Ⅱ-13

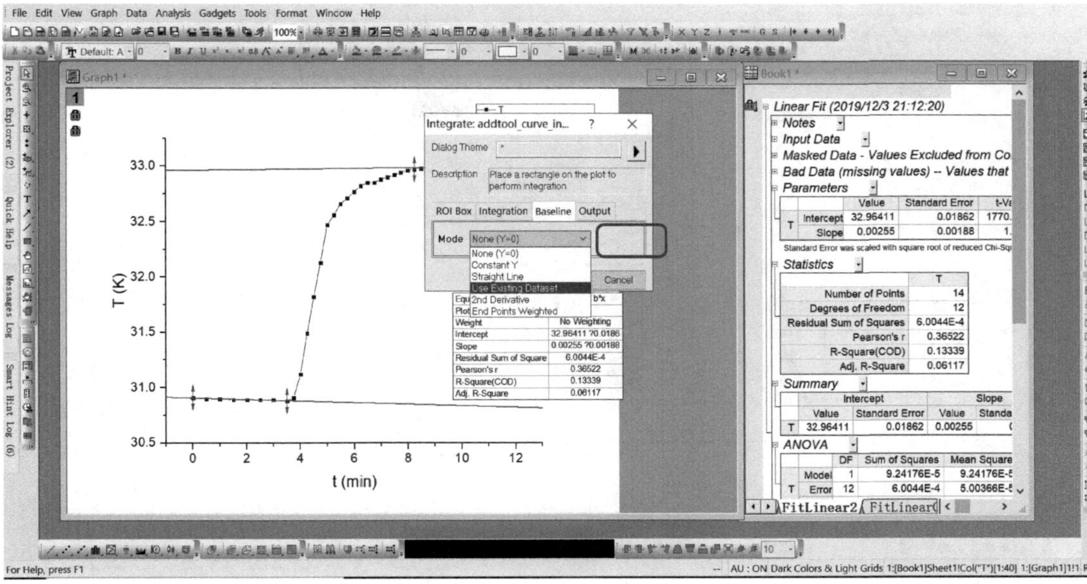

图Ⅱ-14

（3）之后在出现的“Dataset”中选择“Plot（2）：Linear Fit of Sheet1 BT”，即积分面积下界，这里由于之前是先对点火前的数据进行拟合，因此是Plot（2）（图Ⅱ-15）。

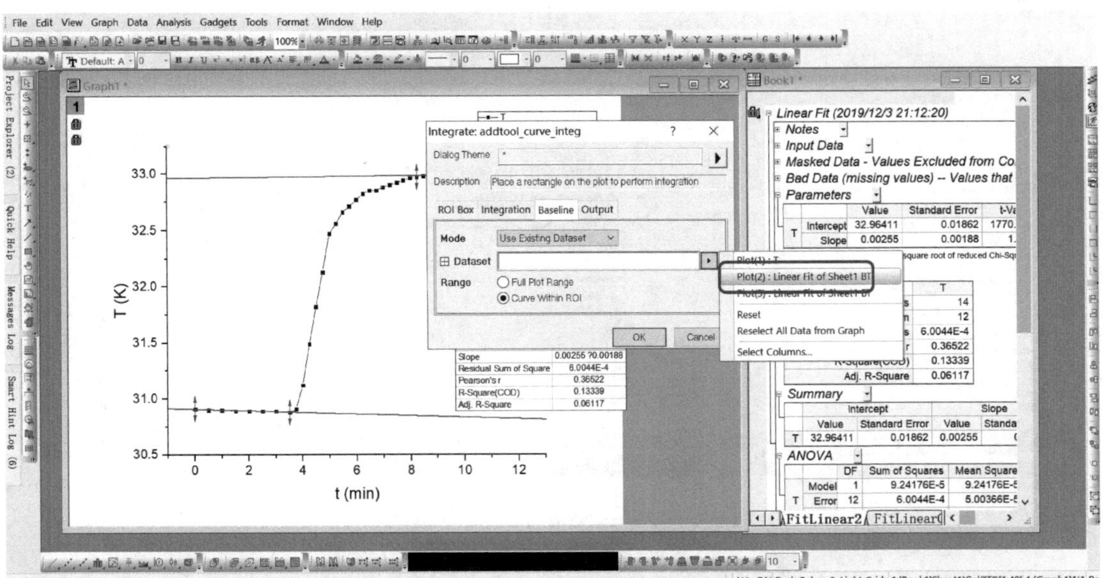

图Ⅱ-15

（4）点击“OK”，返回“Graph1”界面，此时可以观察到积分的区域与对应的“Area”（即灰色部分面积）（图Ⅱ-16）。

（5）同样地可对其他部分进行积分。

值得注意的是，由于剩下的部分需以点火后拟合的直线作为积分上界，因此在设置参数时需在“Integration”→“Area Type”菜单栏中选择“Absolute Area”（图Ⅱ-17）。

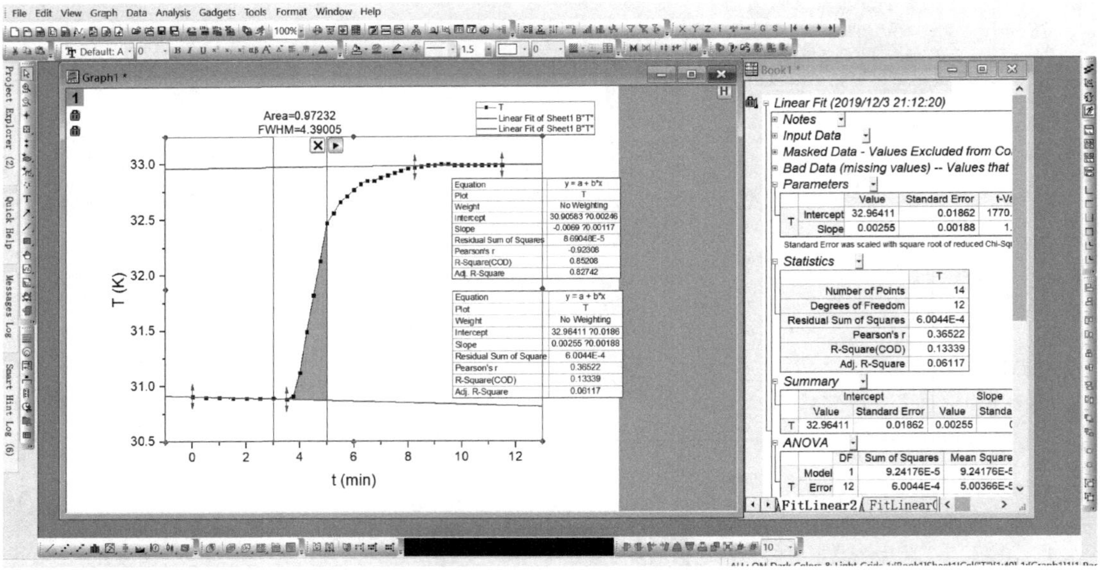

图Ⅱ-16

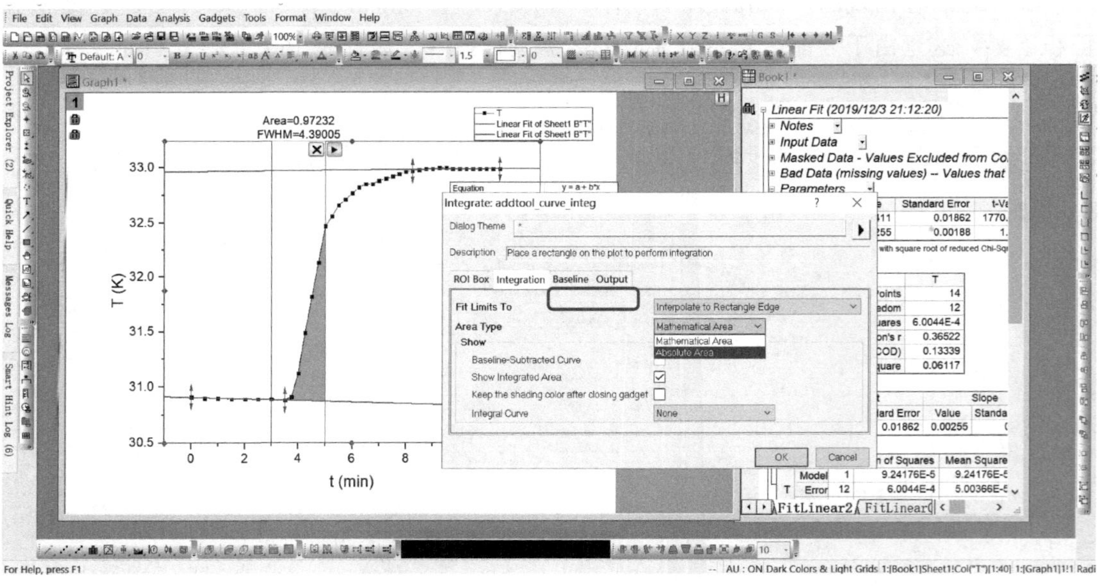

图Ⅱ-17

（6）此次“Baseline”→“Dataset”中选用 Plot（3）（即点火后数据的拟合直线）（图Ⅱ-18）。

（7）粗略设置积分范围后的结果展示（图Ⅱ-19）。

（8）双击积分边缘线可对积分范围进行调整，最终使得两个积分的 Area 尽可能接近，之后查看对应的 x 值（图Ⅱ-20）。

（9）双击后可在对话框中查看对应的 x 值，为计算方便可近似取值，但仍然需要保证两个 Area 值相互接近（图Ⅱ-21）。

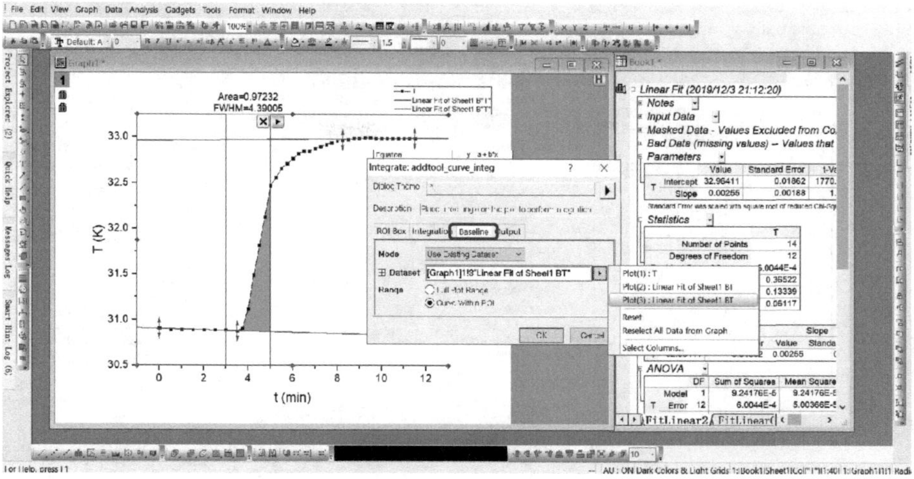

图Ⅱ-18

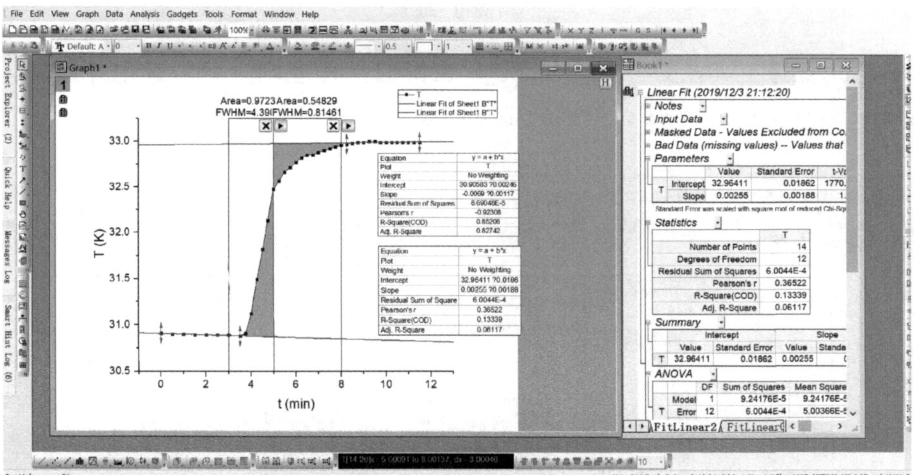

图Ⅱ-19

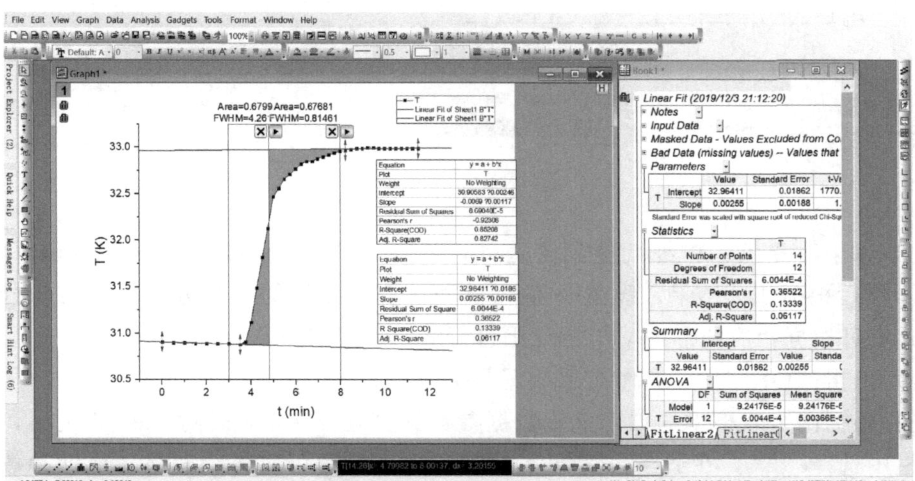

图Ⅱ-20

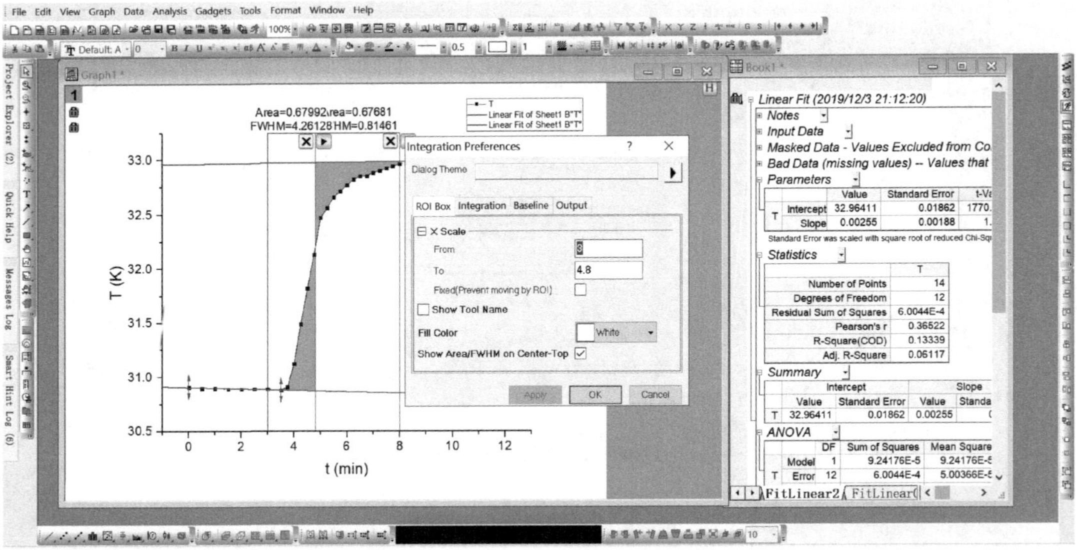

图Ⅱ-21

(10) 选用侧边工具栏的“Line Tool”，在图像上任意画一线，选中并双击，弹出对话框“Object Properties”，进行参数调整（图Ⅱ-22）。

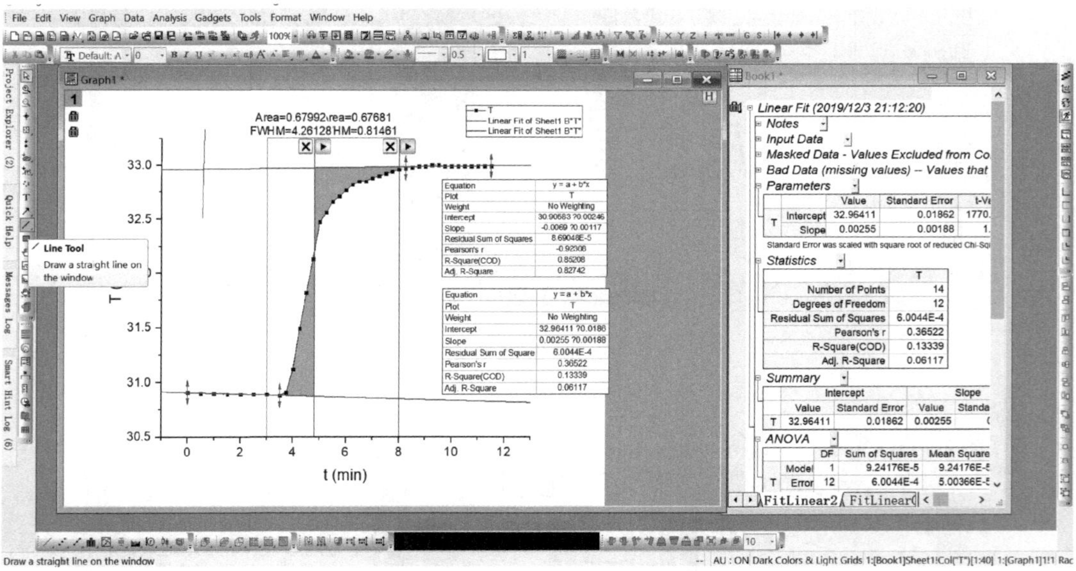

图Ⅱ-22

(11) 除了对颜色、粗细调整到合适外，还需在“Coordinates”→“Units”栏中选“scale”，然后根据积分结果，设置 x 值（例如：演示数据的左积分上限和右积分下限为 4.8)，Y 值可根据相应图形的 y 坐标范围进行适当设置（图Ⅱ-23）。

(12) 点击“OK”后，参考结果如图Ⅱ-24 所示。

(13) 根据两个表格中的拟合直线数据参数计算在 $x=4.8$ 时对应的 Y 坐标，并在左侧工具栏中选择“T”，在适当位置输入对应 Y 值。最后可将各个表格、数据参数位置进行适当调整，输出（图Ⅱ-25）。

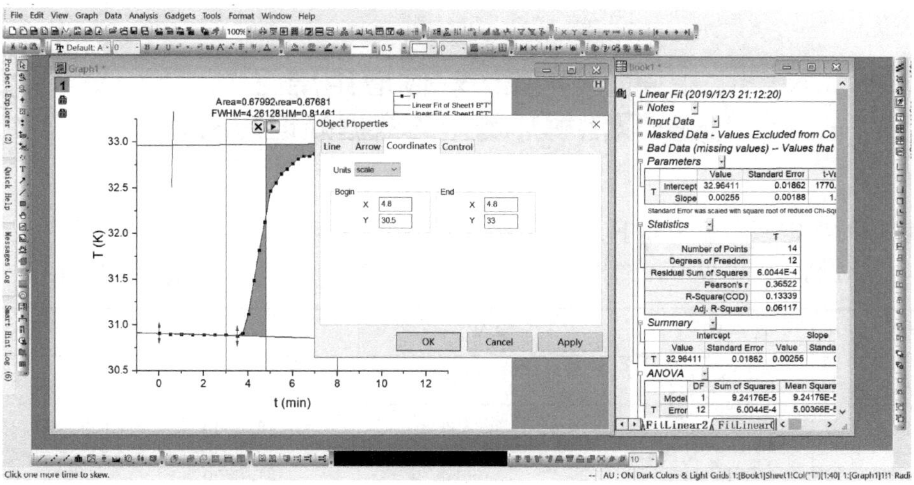

图Ⅱ-23

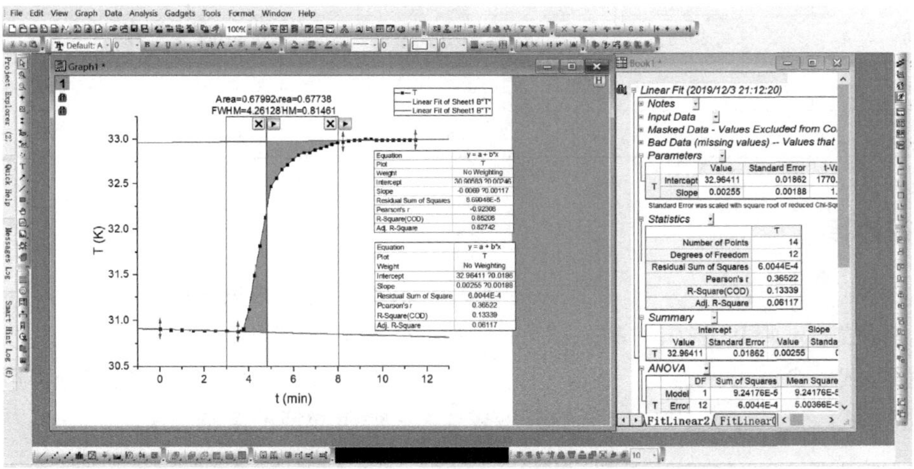

图Ⅱ-24

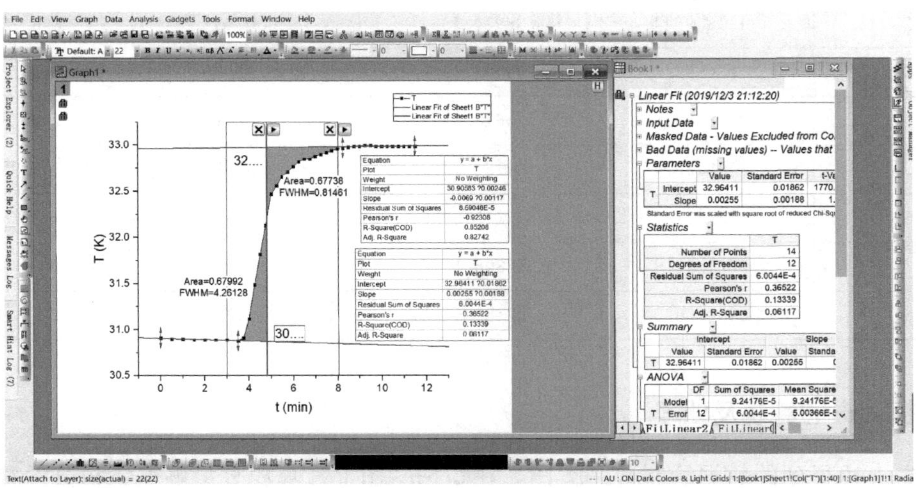

图Ⅱ-25

Ⅲ. Origin 软件应用篇 2
——以溶解热测定的数据处理为例

溶解热的测定原始数据如下：

I=0.591 A　　U=4.25 V　　室温：25.3 ℃　　M_{KNO_3}=101.10 g·mol^{-1}

序号	W_i/g	ΣW_i/g	t/s	Σt/s
1	2.0145	2.0145	297.4300	297.4300
2	1.0450	3.0595	148.0500	445.4800
3	2.2025	5.2620	281.8700	727.3500
4	2.0339	7.2959	267.2800	994.6300
5	3.0041	10.3000	389.4000	1384.0300
6	3.5010	13.8010	430.4100	1814.4400
7	3.5214	17.3224	423.5700	2238.0100
8	4.0636	21.3860	471.1400	2709.1500

一、数据计算

根据公式　$Q=IUt$　　求得所消耗的热效应 Q；

根据公式　$n_2=W_i/101.10$　　求得硝酸钾的物质的量 n_2；

根据公式　$Q_s=Q/n_2$　　求得硝酸钾在水溶液中的积分溶解热 Q_s；

根据公式　$n_0=n_{H_2O}/n_{KNO_3}=112.2/W_{累}$　　求得硝酸钾的溶剂量 n_0。

序号	ΣQ/J	Q_s/(J·mol^{-1})	n_2	n_0
1	747.0698	37492.5575	0.0199	556.9620
2	1118.9344	36974.7563	0.0103	366.7266
3	1826.9214	35101.0547	0.0218	213.2269
4	2498.2619	34618.6596	0.0201	153.7850
5	3476.3374	34122.1074	0.0297	108.9320
6	4557.4197	33385.6336	0.0346	81.2985
7	5621.3216	32808.1337	0.0348	64.7716
8	6804.7075	32168.5182	0.0402	52.4642

二、数据图形的绘制及处理

根据上述得到的数据绘制 Q_s-n_0 图，在 Q_s-n_0 图上计算积分溶解热、积分稀释热、微分溶解热、微分稀释热。可选择方法一或方法二进行数据图形的绘制和处理。

〈方法一〉：由 Q_s-n_0 图求解

1. 做 Q_s-n_0 图。

（1）双击软件启动图标，进入 Origin 软件运行界面，将数据输入 Sheet 1，并输入相应坐标和单位（图Ⅲ-1）。

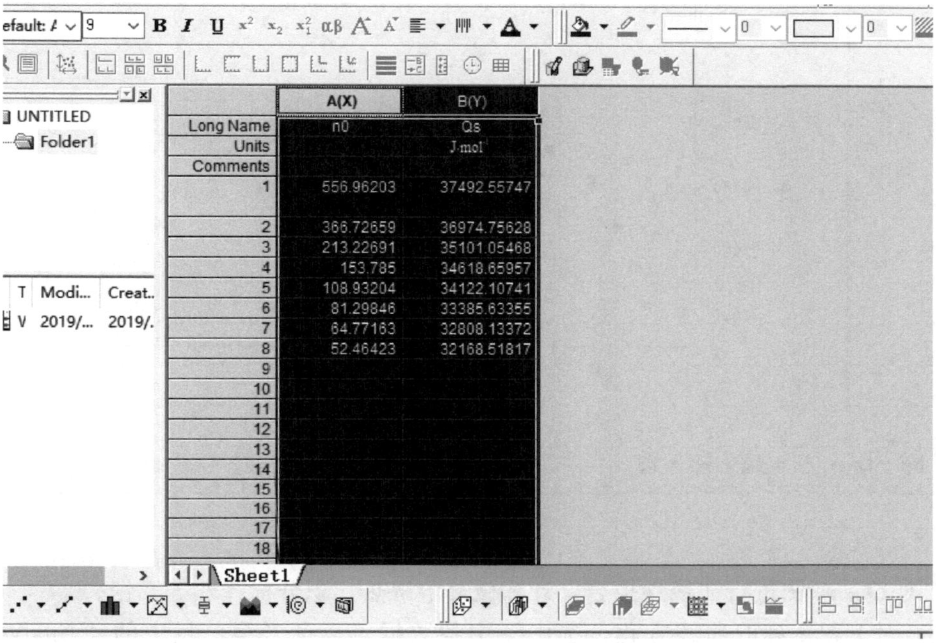

图Ⅲ-1

（2）点击菜单栏中的“Plot”命令按钮，弹出曲线形态，选择下拉菜单，选择“Symbol”→“Scatter”，绘制出 Q_s-n_0 图。对得到的 Q_s-n_0 图可进行适当调整、美化，如：改变图例字体、字号，改变图中点的大小，改变图标内容等（图Ⅲ-2，图Ⅲ-3）。

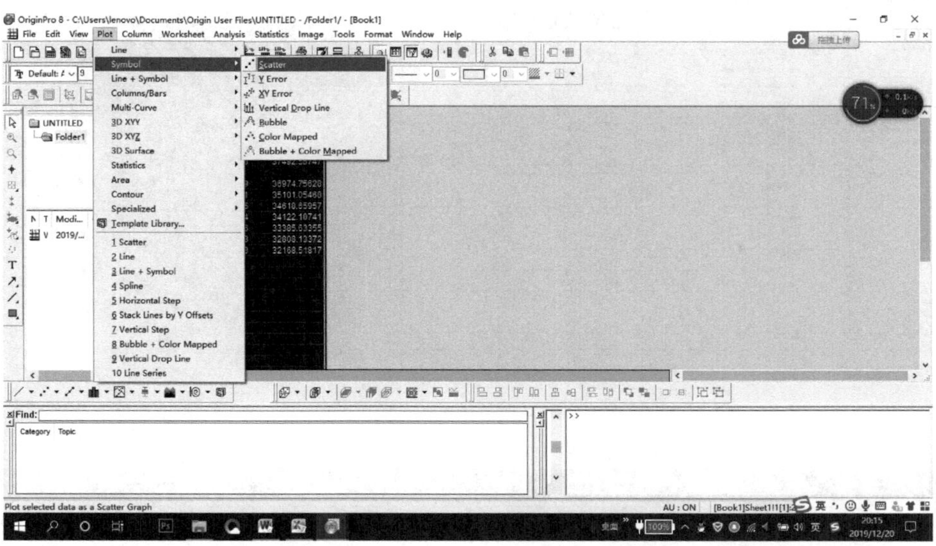

图Ⅲ-2

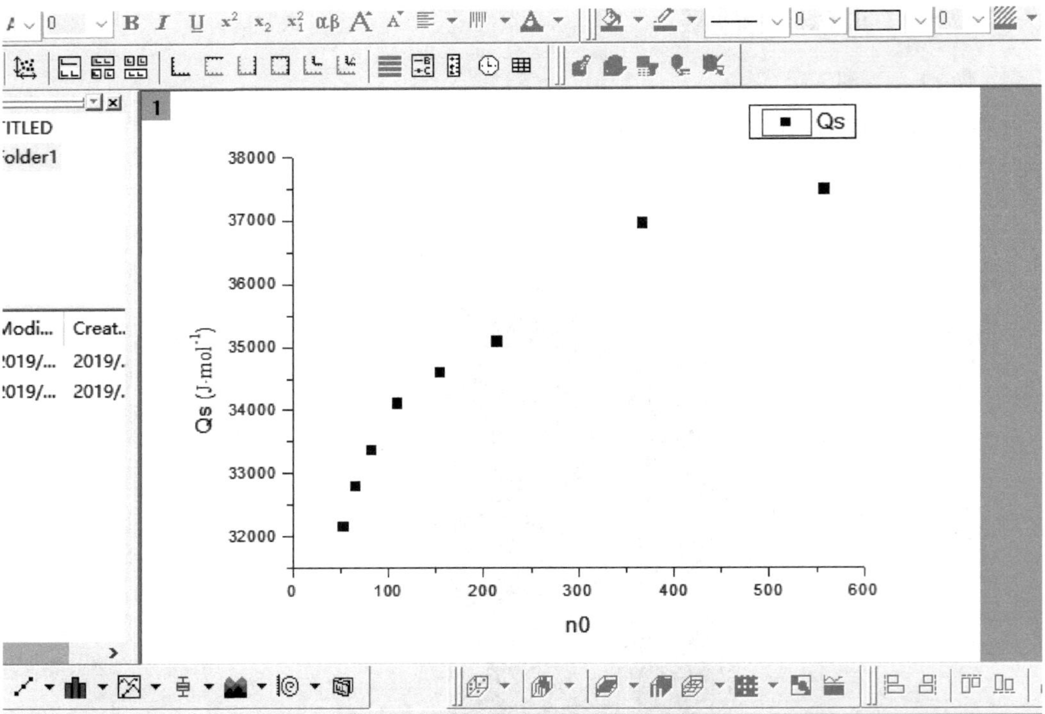

图Ⅲ-3

2. 对 Q_s-n_0 图进行非线性拟合，计算微分溶解热、积分稀释热等数据。

(1) 对上图得到的曲线方程，选中图中各数据点，点击菜单栏中的“Analysis”→“Fitting”→“Nonlinear Curve Fit”进行指数拟合，出现下图所示状态时，选择“Category”→“Exponential”进行拟合曲线的绘制（图Ⅲ-4～图Ⅲ-6）。

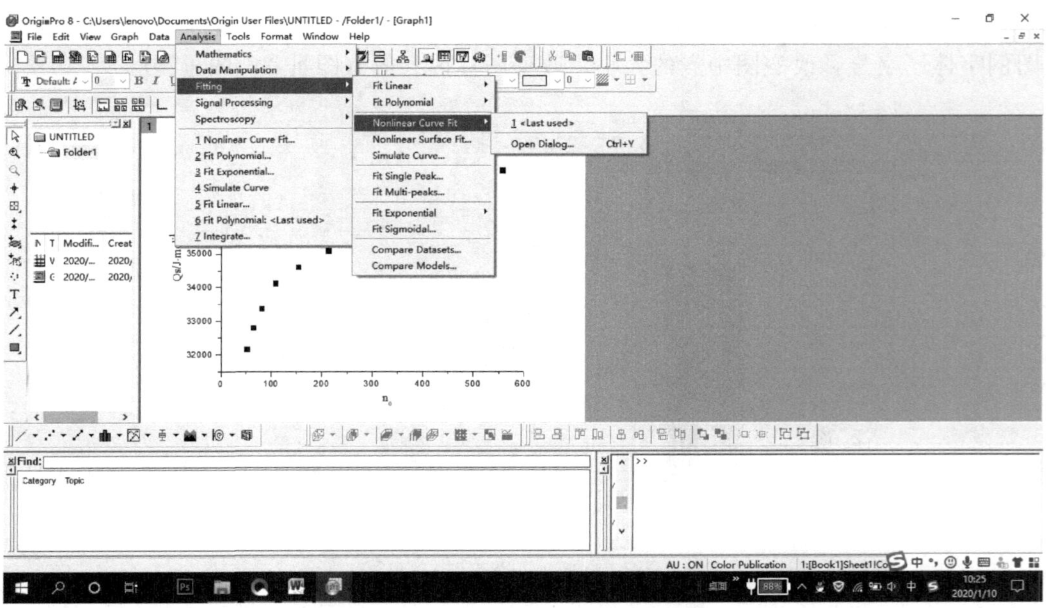

图Ⅲ-4

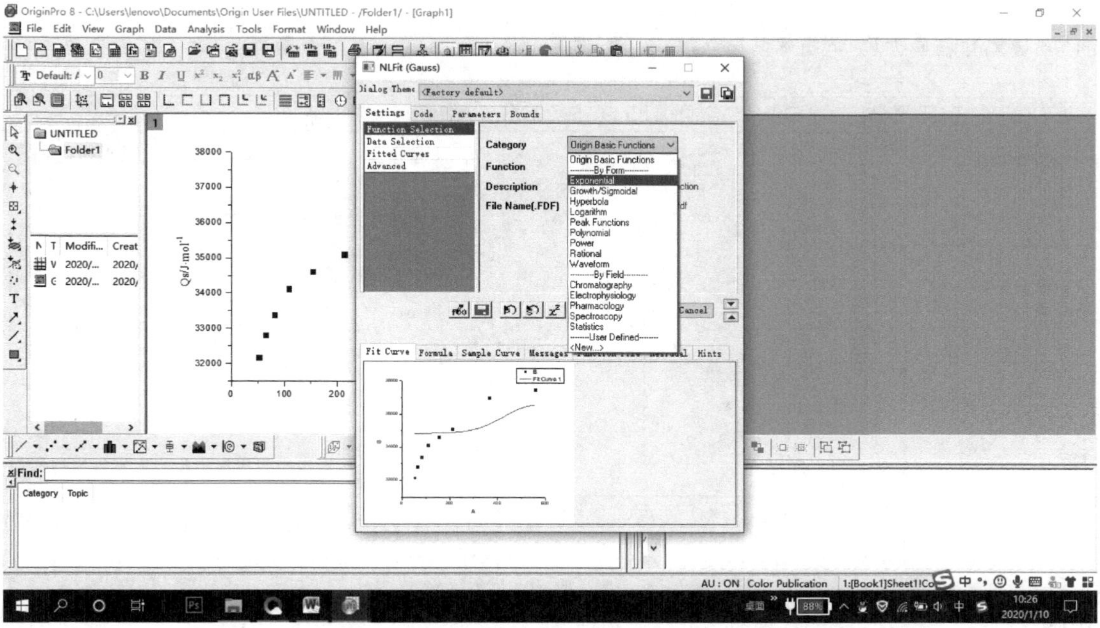

图Ⅲ-5

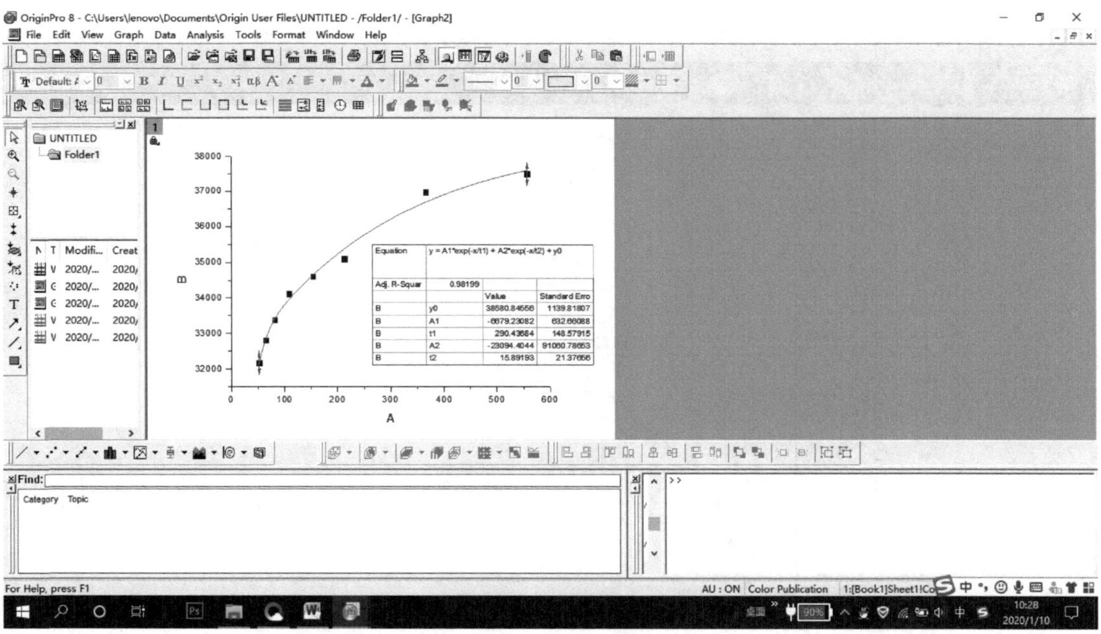

图Ⅲ-6

(2) 选中图Ⅲ-7 中左侧“画线”快捷方式，画一条竖线，鼠标双击该线，出现图中所示属性框，选择“Line”对线段类型、颜色、粗细进行编辑，选择“Coordinates”对线段的位置进行编辑，图Ⅲ-8 以 n_0 为 200、400 时为例。可选择左侧“T”进行文字编辑。

(3) 过 A 点做切线，按快捷键 Alt+3 打开脚本窗口，复制以下脚本至脚本窗口中，按回车运行。

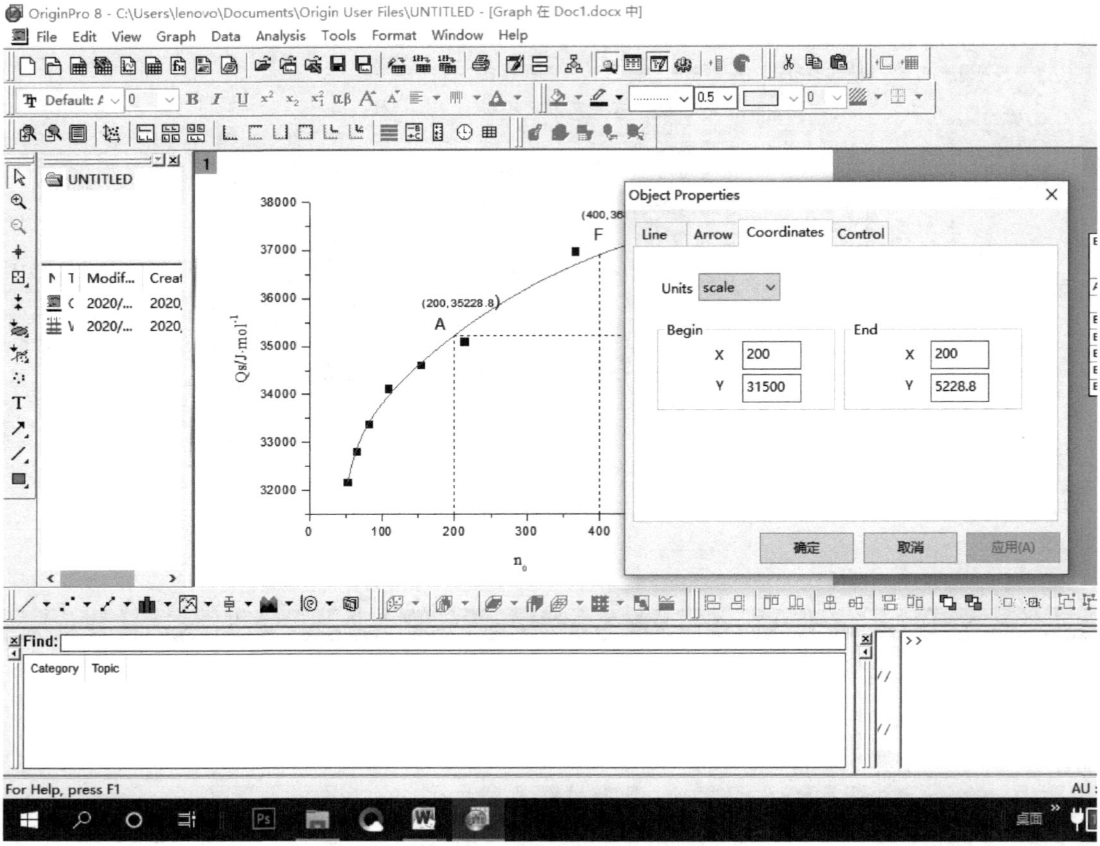

图Ⅲ-7

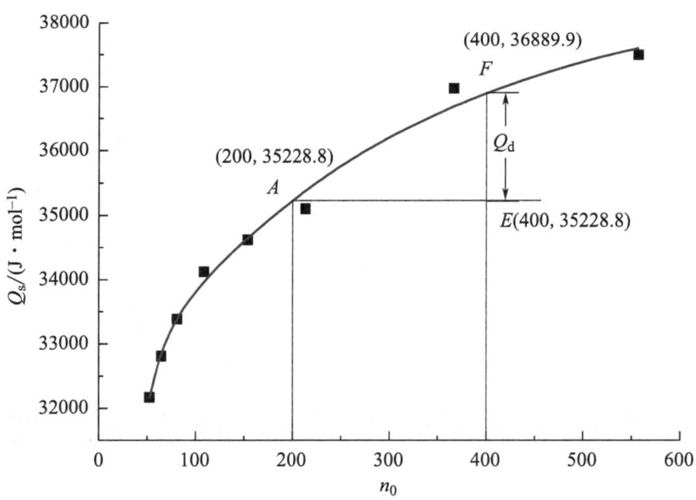

图Ⅲ-8

```
dotool 3;// Data Reader tool
def pointproc {
dotool-q;
%b = xof(%c);// X dataset for the current one
p1 = (%C[index + 1]-%C[index])/(%b[index + 1]-%b[index]);
```

```
p2 = ( % C[index]- % C[index-1])/( % b[index]- % b[index-1]);
p = (p1 + p2)/2;
c = y-p * x;
ftang(x) = $ (p) * x + $ (c);
layer-i200 ftang;// Plot as Line...
set ftang-c 4;// ... in blue
};
```

此时“Data Reader Tool”会被激活，鼠标指针变成十字方框（图Ⅲ-9），用此工具选择图像中的任意一点，双击后切线将自动生成。在得到的图形中，如下图Ⅲ-10过 A 点做切线。

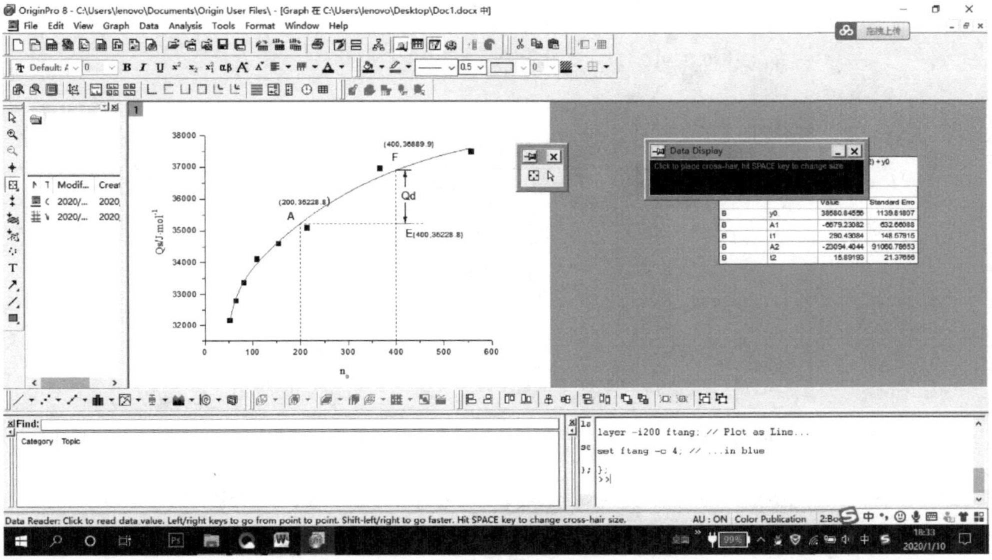

图Ⅲ-9

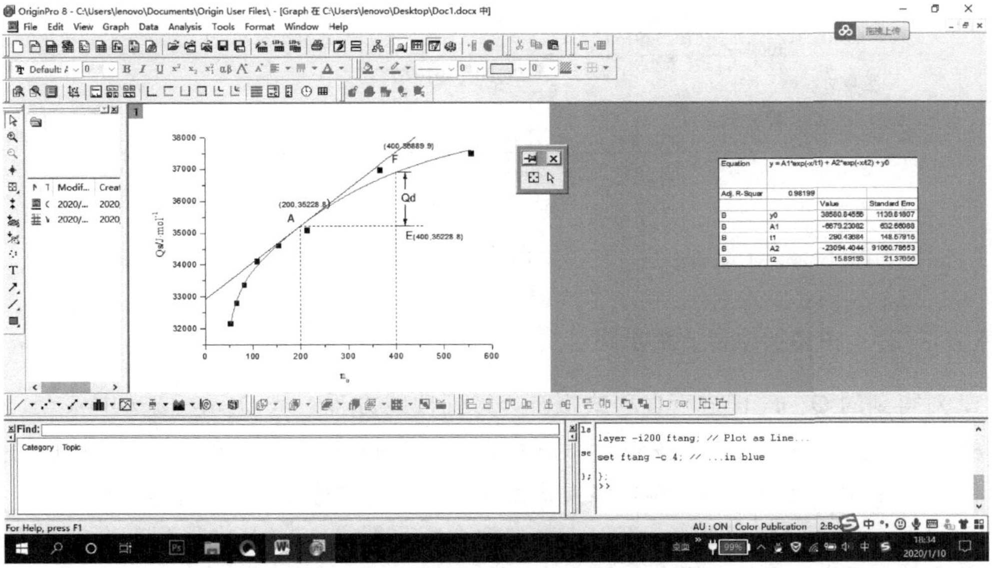

图Ⅲ-10

（4）在得到的图中标出 C 点坐标，过 C 点做 AB 垂线，如下图Ⅲ-11 所示。并进一步在图中标出微分溶解热、积分稀释热等数据（图Ⅲ-12）。

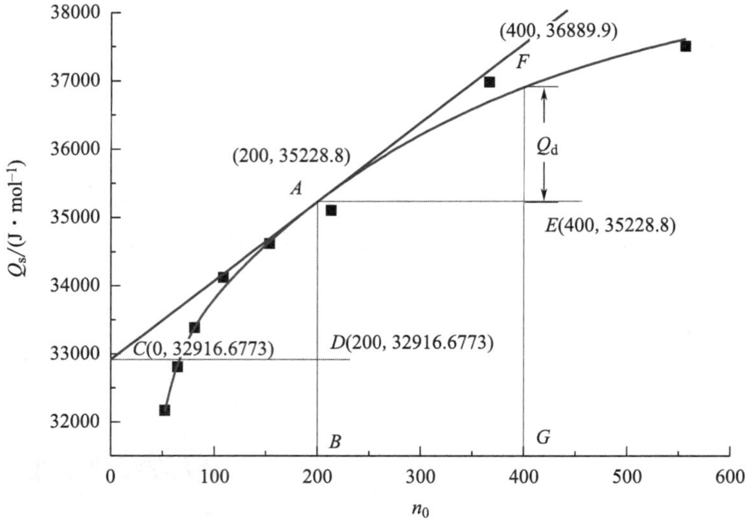

图Ⅲ-11

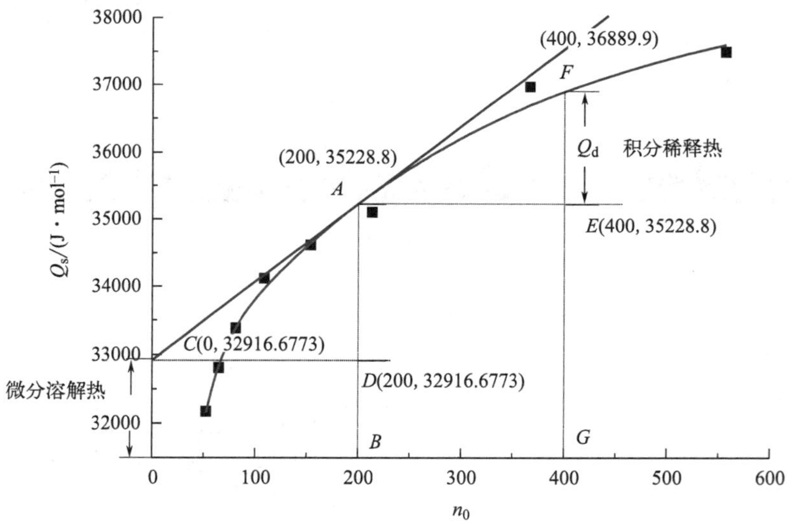

图Ⅲ-12

〈方法二〉：由多次拟合方程求解

1. 对得到的 Q_s-n_0 图进行多项式拟合，得到曲线方程。从 Q_s-n_0 图选中各点，点击菜单栏中的“Analysis”命令按钮，弹出拟合方式，选择下拉菜单，选择“Fitting”→“Fit Polynomial”（图Ⅲ-13），得到多项式拟合对话框（图Ⅲ-14），进行多次拟合。

2. 得到二次、三次、四次、五次、六次拟合方程图Ⅲ-15，其中得到五次拟合方程的拟合度最高。因此选用五次拟合方程式做后续运算。

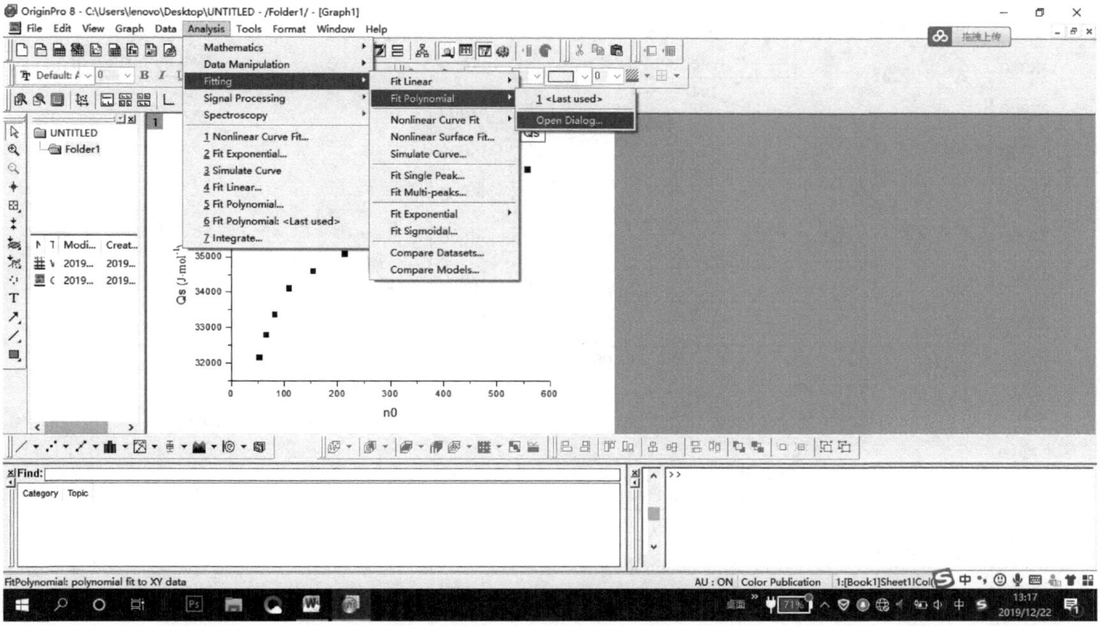

图Ⅲ-13

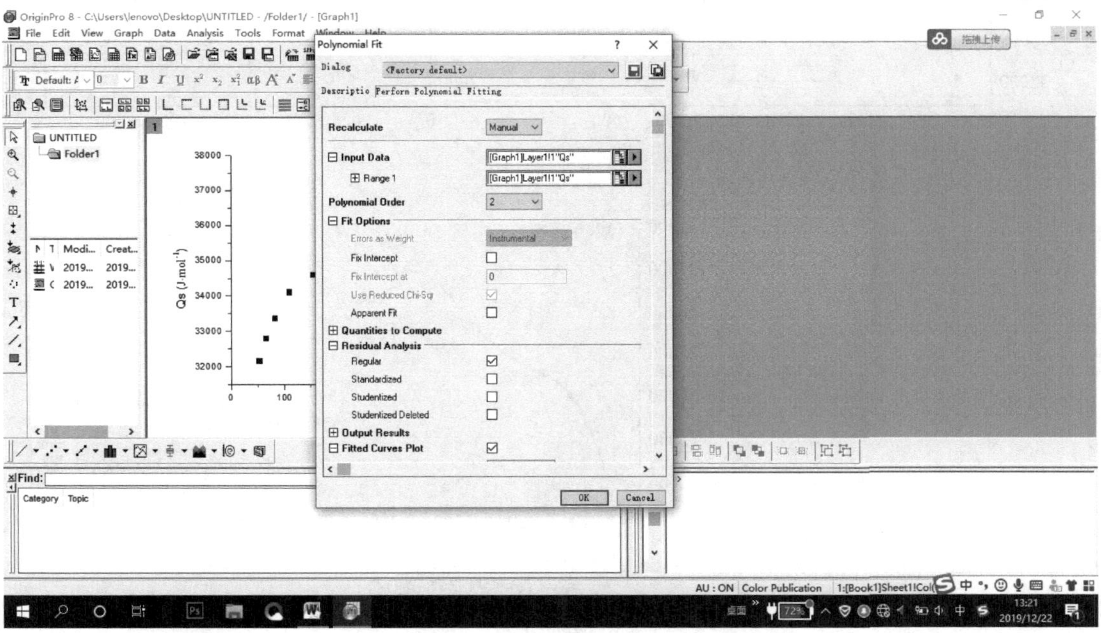

图Ⅲ-14

3. 积分溶解热的求解：将 n_0=80、100、200、300、400 分别代入曲线方程 $Y=3.98104\times10^{-9}x^5-6.35714\times10^{-6}x^4+0.00375x^3-1.01303x^2+135.31212x+27365.30059$，求出溶液在这几点处的积分溶解热。

n_0	80	100	200	300	400
$Q_s/(J\cdot mol^{-1})$					

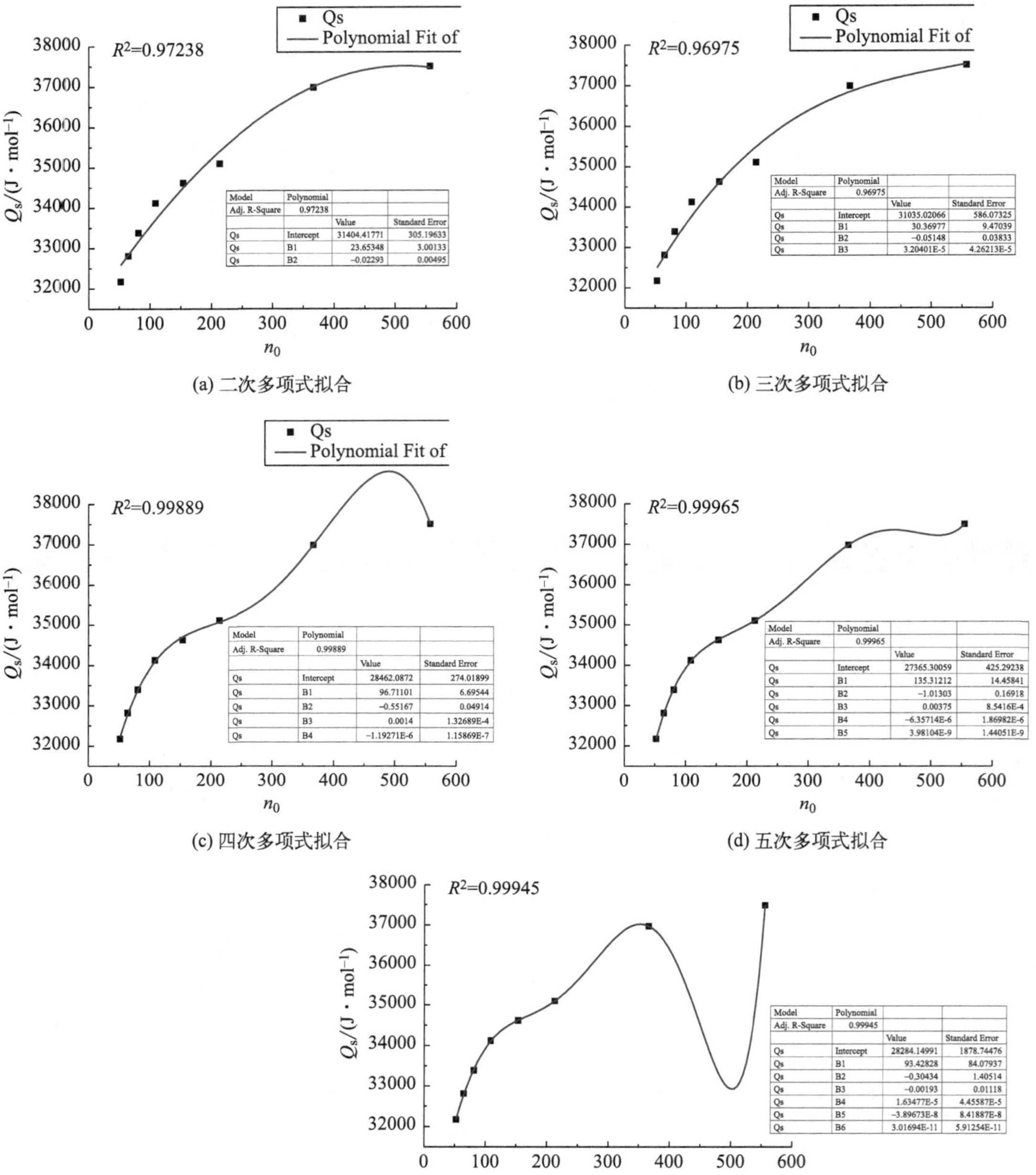

(a) 二次多项式拟合

(b) 三次多项式拟合

(c) 四次多项式拟合

(d) 五次多项式拟合

(e) 六次多项式拟合

图Ⅲ-15

4. 微分稀释热的求解：将所得曲线方程对 n_0 求导，再将上述 n_0 值代入所得的导数方程，求出这几个点上的切线斜率，即为溶液 n_0 在这几点处的微分稀释热（一阶导数方程为：$Y'=1.99052\times10^{-8}x^4-2.542856\times10^{-5}x^3+0.01125x^2-2.02606x+135.31212$）。

n_0	80	100	200	300	400
微分稀释热/(J · mol^{-1})					

5. 微分溶解热的求解：利用一元函数的点斜式公式求截距，可得溶液在这几点处的微分溶解热。

n_0	80	100	200	300	400
微分溶解热 /(J · mol^{-1})					

6. 积分稀释热 Q_d 的求解：计算溶液 n_0 为 80→100、100→200、200→300、300→400 时的积分稀释热。

n_0	80→100	100→200	200→300	300→400
积分稀释热 /(J · mol^{-1})				

Ⅳ. Origin 软件应用篇 3 ——以最大泡压法测定溶液表面张力的数据处理为例

最大泡压法测定溶液的表面张力原始数据如图Ⅳ-1：

大气压：102.00kpa		室温：19.1℃	室温下水的表面张力：72.9达因/cm 仪器常数K=-0.1501			
	浓度/mol/l		最大压力差/kpa		平均值	表面张力
蒸馏水	0	-0.487	-0.484	-0.486	-0.4857	=最大压力差*K
正丁醇	0.0125	-0.456	-0.458	-0.455	-0.4563	0.06849063
	0.025	-0.438	-0.434	-0.439	-0.437	0.0655937
	0.05	-0.393	-0.391	-0.394	-0.3927	0.05894427
	0.1	-0.366	-0.365	-0.364	-0.365	0.0547865
	0.2	-0.306	-0.305	-0.306	-0.3057	0.04588557
	0.4	-0.254	-0.253	-0.254	-0.2537	0.03808037
	Z=-（dσ/dc)*c 饱和吸附量Γ=Z/RT					

图Ⅳ-1

一、绘制 σ-c 基本图形

1. 双击 Origin 软件启动图标，进入 Origin 软件运行界面，将数据输入 Sheet 1，并输入相应坐标和单位（图Ⅳ-2）。

2. 选中用于作图的数据列，选择作点图“Scatter”。对得到的图形（图Ⅳ-3）可进行适当调整、美化，如：改变图例字体、字号，改变图中点的形状、大小、颜色等。

二、数据拟合

1. 在 Graph1 页面的工具栏中选择“Analysis”→“Fitting”→“Nonlinear Curve Fit …”（图Ⅳ-4）。

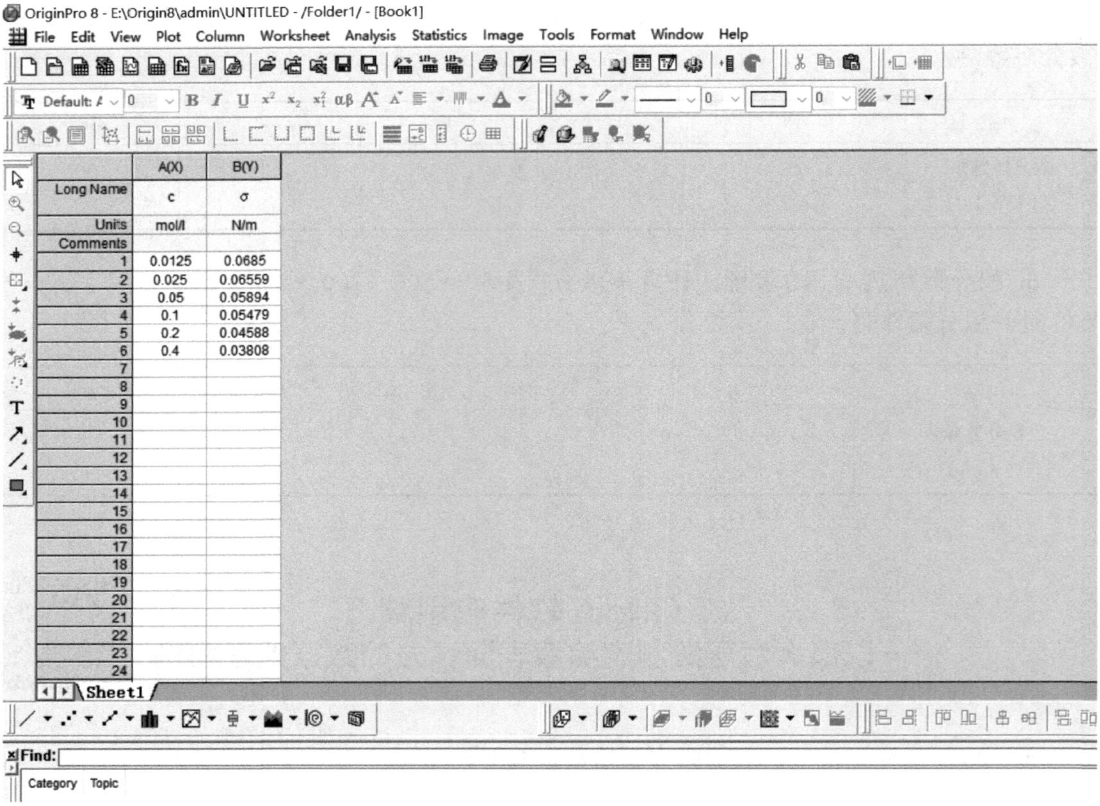
OriginPro 8 - E:\Origin8\admin\UNTITLED - /Folder1/ - [Book1]
File Edit View Plot Column Worksheet Analysis Statistics Image Tools Format Window Help
A(X) B(Y)
Long Name c σ
Units mol/l N/m
Comments
1 0.0125 0.0685
2 0.025 0.06559
3 0.05 0.05894
4 0.1 0.05479
5 0.2 0.04588
6 0.4 0.03808
Sheet1
Find:
Category Topic

图Ⅳ-2

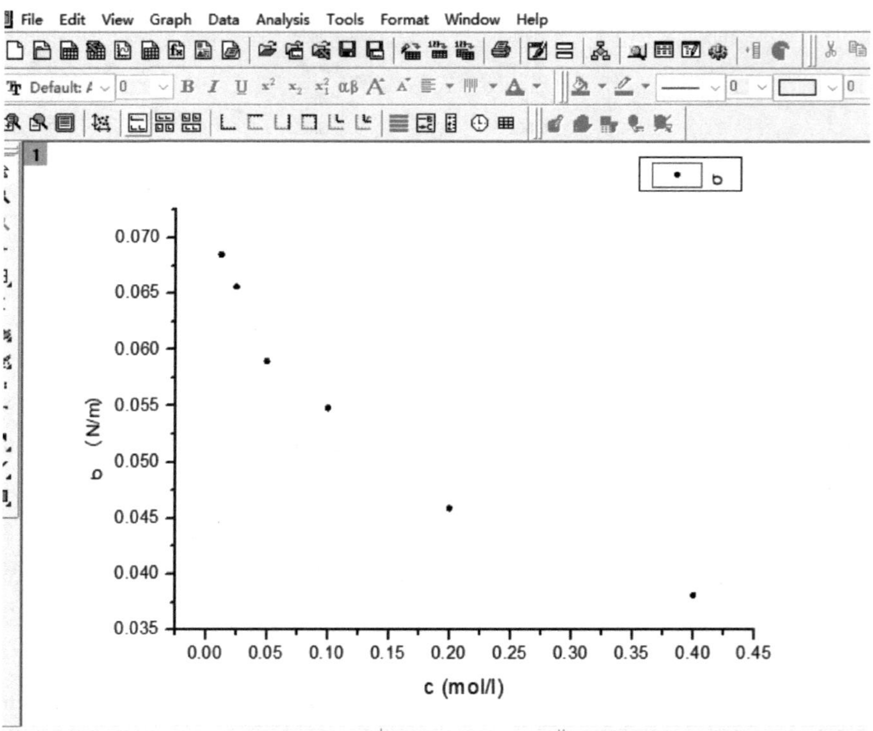
File Edit View Graph Data Analysis Tools Format Window Help
σ
0.070
0.065
0.060
0.055
0.050
0.045
0.040
0.035
σ (N/m)
0.00 0.05 0.10 0.15 0.20 0.25 0.30 0.35 0.40 0.45
c (mol/l)

图Ⅳ-3

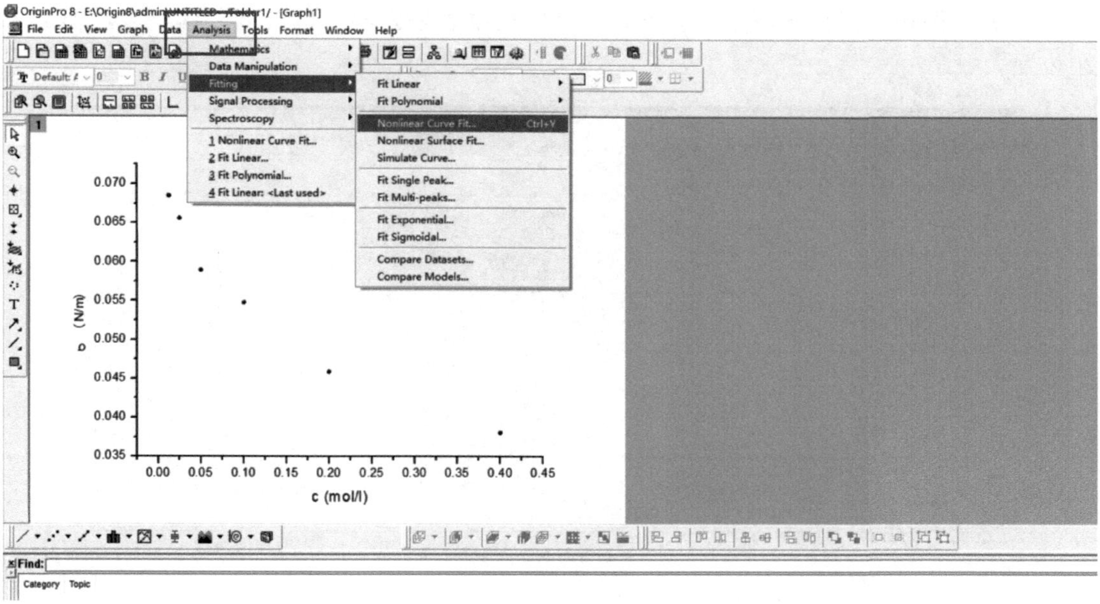

图Ⅳ-4

2. 弹出下列对话框，选择“Category”→“Logarithm”，选择“Function”→“Log3P1”，点击“Fit”键，进行图像拟合（图Ⅳ-5）。

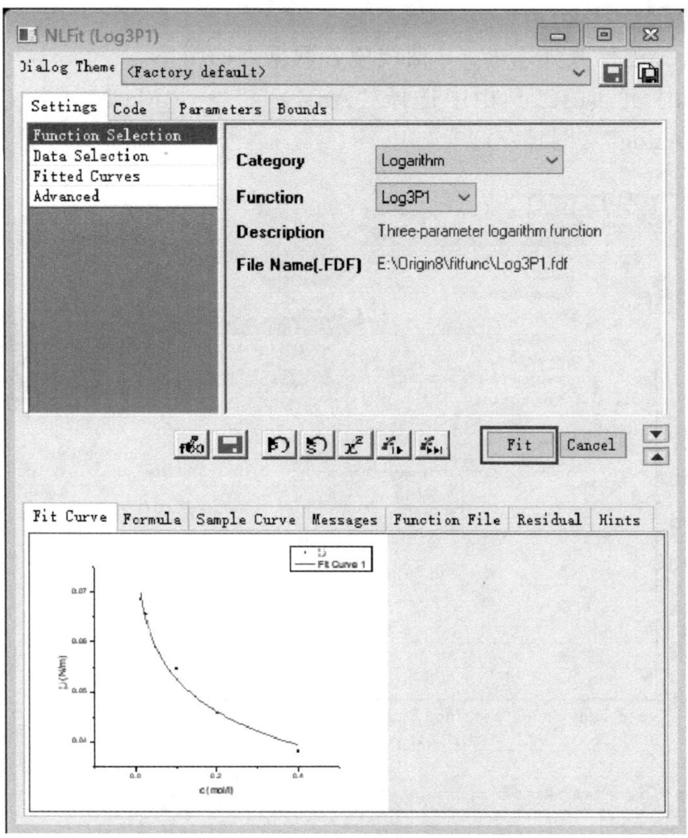

图Ⅳ-5

3. 拟合图像如图Ⅳ-6所示：双击表格可以更改表格内容，单击可以调整数据框的大小位置。

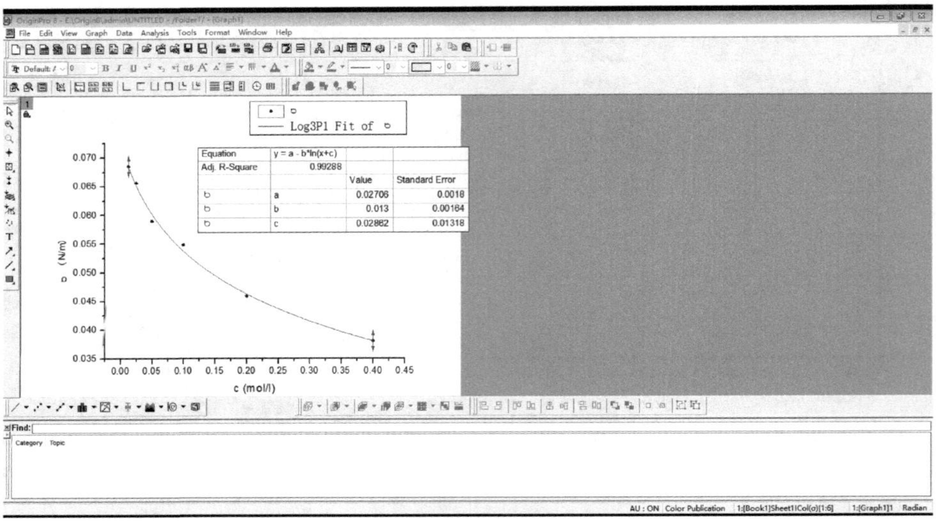

图Ⅳ-6

三、求 Z

1. 根据公式 $Z=-(\mathrm{d}\sigma/\mathrm{d}c)\times c$ 求解。

2. 利用 Origin 进行微分，求 σ-c 曲线中各数据点的斜率。

(1) 在 Graph1 页面的工具栏中选择 “Analysis” → “Mathematics” → “Differentiate” → “Open Dialog”（图Ⅳ-7）。

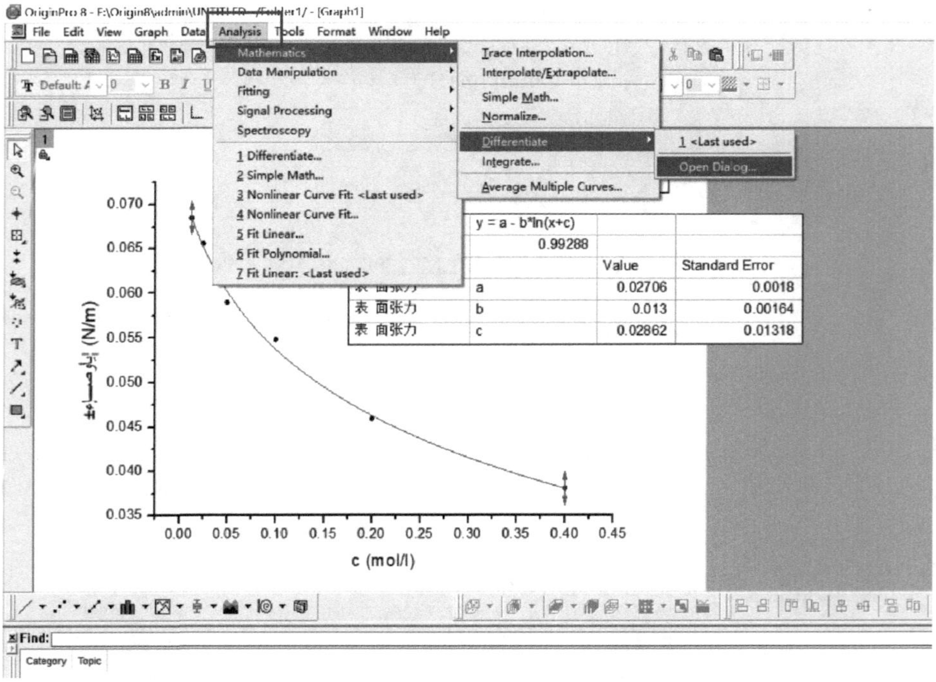

图Ⅳ-7

（2）弹出对话框，点击图标，该对话框缩小，回到 Graph1 页面，在 Graph1 页面中选择需要拟合的数据范围。本实验选择全部数据，在“Plot Derivative Curve”后打钩，如图Ⅳ-8 所示。

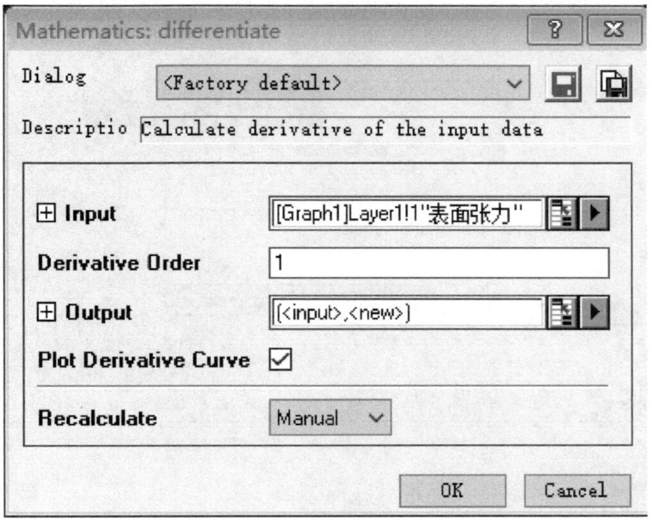

图Ⅳ-8

（3）在输入数据页面会出现斜率数值，并在 Graph2 页面出现导数图像，如图Ⅳ-9 所示。

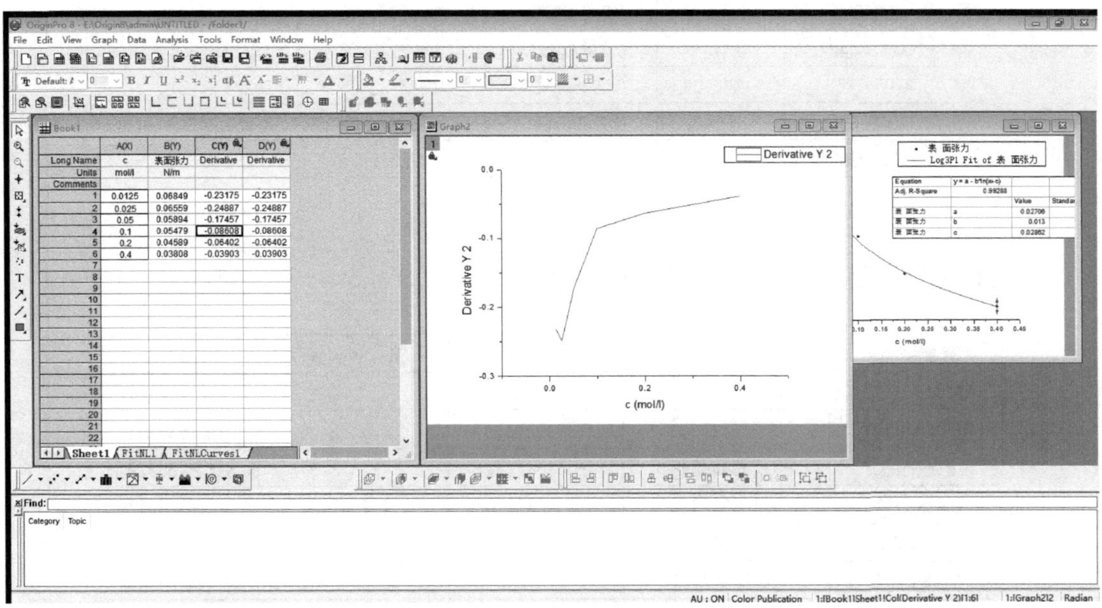

图Ⅳ-9

（4）或者利用 Graph2 页面，选择“Date Reader”工具，在图上取点，进行数据读取。如图Ⅳ-10 所示，依次对 6 个点进行读取，并记录数据。

3. 将得到的斜率复制粘贴在 Excel 上，并根据公式分别计算出 Z 值、饱和吸附量 Γ、c/Γ，如图Ⅳ-11 所示。

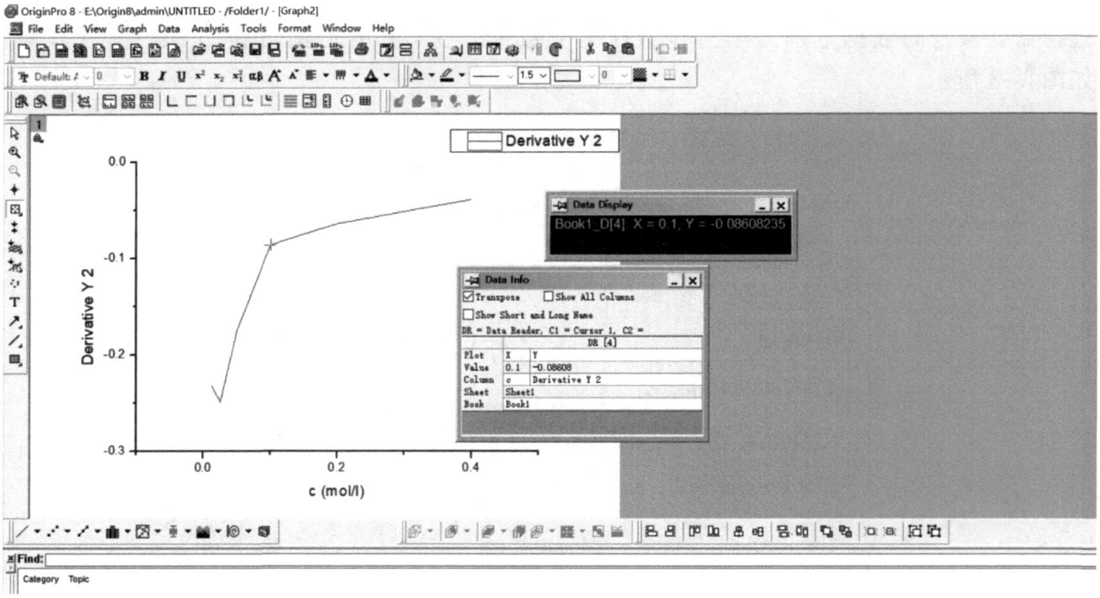

图Ⅳ-10

表面张力σ	斜率	Z	饱和吸附量Γ	c/Γ
=最大压力差*K		=-（dσ/dc)*c	=Z/（8.314*292.25)	=c/Γ
0.06849063	-0.23175	0.002896875	1.19224E-06	10484.42934
0.0655937	-0.24887	0.006221750	2.56064E-06	9763.195644
0.05894427	-0.17457	0.008728500	3.59232E-06	13918.57994
0.0547865	-0.08608	0.008608000	3.54273E-06	28226.84131
0.04588557	-0.06402	0.012804000	5.26964E-06	37953.24117
0.03808037	-0.03903	0.015612000	6.42531E-06	62253.81758

图Ⅳ-11

也可以利用拟合的图像得出的公式进行计算（图Ⅳ-12）：$Z=-[0.013/(c+0.02862)]$。

表面张力σ	斜率	Z	饱和吸附量Γ	c/Γ
=最大压力差*K	=-(0.013/(c+0.02862))	=-（dσ/dc)*c	=Z/（8.314*292.25)	=c/Γ
0.06849063	-0.316147860	0.003951848	1.62643E-06	7685.538345
0.0655937	-0.242446848	0.006061171	2.49455E-06	10021.85229
0.05894427	-0.165352328	0.008267616	3.40264E-06	14694.48017
0.0547865	-0.101072928	0.010107293	4.15978E-06	24039.73594
0.04588557	-0.056862917	0.011372583	4.68053E-06	42730.24748
0.03808037	-0.030329896	0.012131958	4.99306E-06	80111.27056

图Ⅳ-12

四、作 c/Γ-c 图

1. 在 Book1 中输入名称、单位，将数据复制粘贴到数据栏，如图Ⅳ-13 所示。

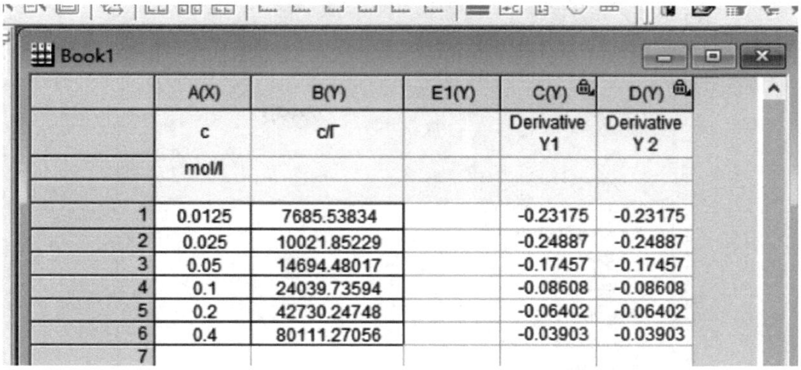

	A(X)	B(Y)	E1(Y)	C(Y)	D(Y)
	c	c/Γ		Derivative Y1	Derivative Y2
	mol/l				
1	0.0125	7685.53834		-0.23175	-0.23175
2	0.025	10021.85229		-0.24887	-0.24887
3	0.05	14694.48017		-0.17457	-0.17457
4	0.1	24039.73594		-0.08608	-0.08608
5	0.2	42730.24748		-0.06402	-0.06402
6	0.4	80111.27056		-0.03903	-0.03903
7					

图Ⅳ-13

2. 选中用于作图的数据列，选择作点图“Scatter”（图Ⅳ-14）。对得到的图形可进行适当调整、美化，如：改变图例字体、字号，改变图中点的形状、大小、颜色等。

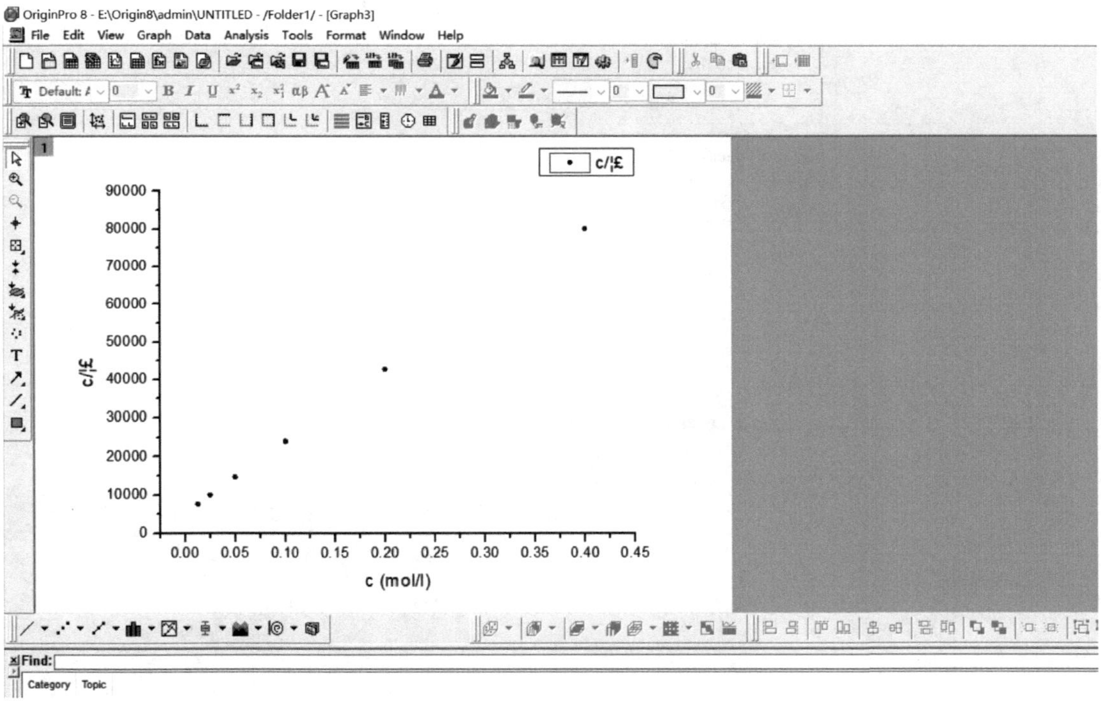

图Ⅳ-14

3. 选中数据点，在工具栏中选择“Analysis”→“Fitting”→“Fit Linear”→“Open Dialog”，弹出对话框，点击图标，该对话框缩小，回到Graph3页面，在Graph3页面中选择需要拟合的数据范围，本实验选择全部数据。同时，在“Range”选项中选择“Span to Full Axis Range”，点击“OK”，如图Ⅳ-15和图Ⅳ-16所示。

4. 得到拟合函数：$Y=5349.2244+186905X$。其中，饱和吸附量 $\Gamma_\infty=1/$斜率$=1/186905=5.35031\times10^{-6}(\text{mol}\cdot\text{m}^{-2})$；横截面积$=1/(\Gamma_\infty\times6.02\times10^{23})=3.10473\times10^{-19}(\text{m}^2)$。

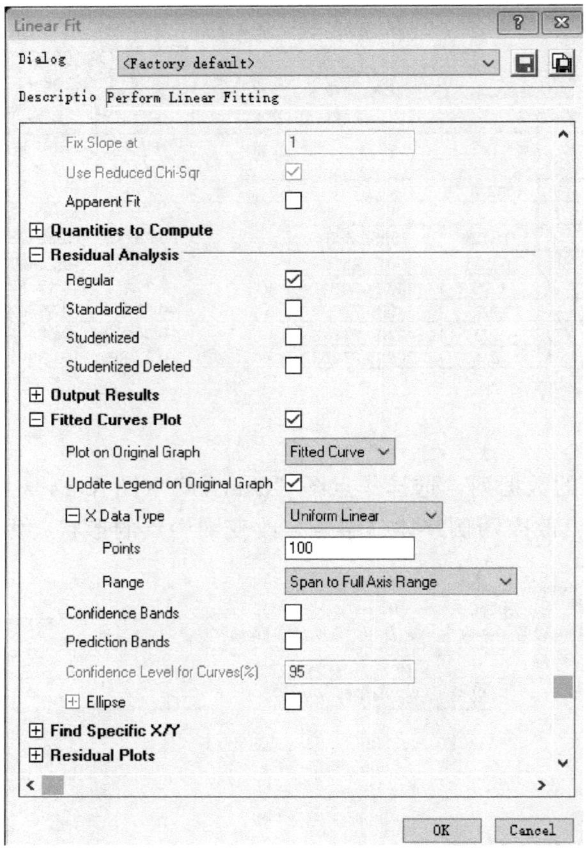
Linear Fit
Dialog
<Factory default>
Description Perform Linear Fitting
Fix Slope at
1
Use Reduced Chi-Sqr
Apparent Fit
Quantities to Compute
Residual Analysis
Regular
Standardized
Studentized
Studentized Deleted
Output Results
Fitted Curves Plot
Plot on Original Graph
Fitted Curve
Update Legend on Original Graph
X Data Type
Uniform Linear
Points
100
Range
Span to Full Axis Range
Confidence Bands
Prediction Bands
Confidence Level for Curves(%)
95
Ellipse
Find Specific X/Y
Residual Plots
OK
Cancel

图Ⅳ-15

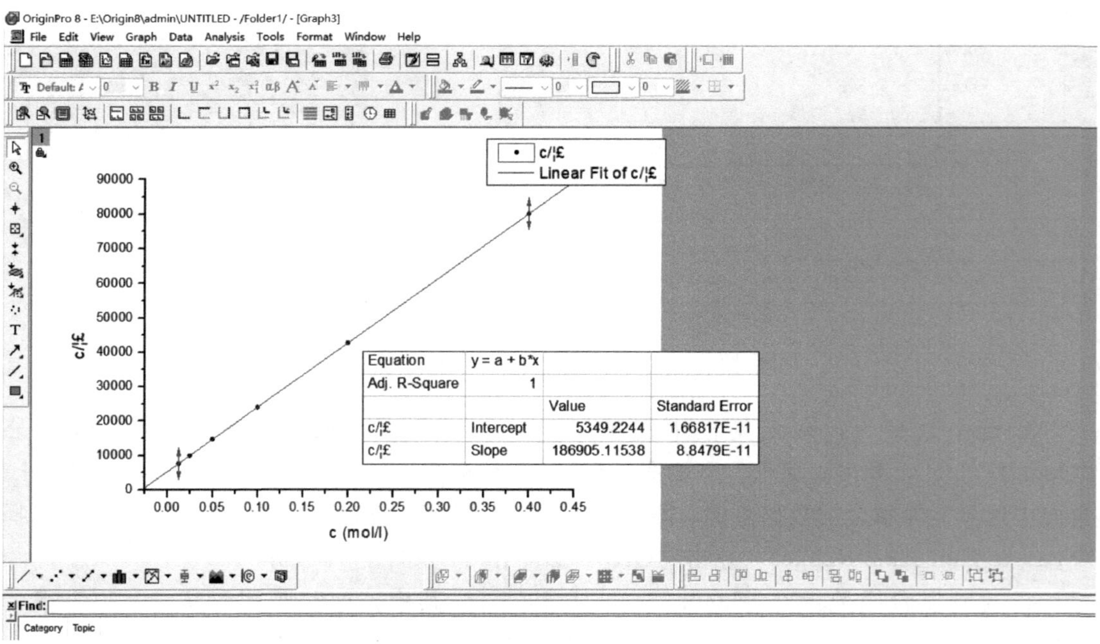
OriginPro 8 - E:\Origin8\admin\UNTITLED - /Folder1/ - [Graph3]
File Edit View Graph Data Analysis Tools Format Window Help
c/¦£
Linear Fit of c/¦£
90000
80000
70000
60000
50000
40000
30000
20000
10000
0
c/¦£
0.00 0.05 0.10 0.15 0.20 0.25 0.30 0.35 0.40 0.45
c (mol/l)
Equation
y = a + b*x
Adj. R-Square
1
Value
Standard Error
c/¦£ Intercept 5349.2244 1.66817E-11
c/¦£ Slope 186905.11538 8.8479E-11
Find:
Category Topic

图Ⅳ-16

附　录

附表 1　SI 基本单位及其定义

量的名称	单位名称	单位符号	定义
长度	米	m	米为在时间间隔 1/299792458 秒期间光在真空中所通过的路径长度
质量	千克①	kg	等于保存在巴黎国际权度衡局的铂铱合金圆柱体的千克原器的质量
时间	秒	s	秒是铯-133 原子基态的两个超精细能级之间跃迁所对应的辐射的 9192631770 个周期的持续时间
电流	安[培]②	A	在真空中，截面积可忽略的两根相聚 1 m 的无限长平行圆直导线内通以等量恒定电流时，若导线间相互作用力在每米长度上为 2×10^{-7} N，则每根导线中的电流为 1 A
热力学温度	开[尔文]②	K	热力学温度单位开尔文是水三相点热力学温度的$\frac{1}{273.16}$
发光强度	坎[德拉]②	cd	坎德拉是一光源在给定方向上的发光强度，该光源发出频率为 540×10^{12} Hz 的单色辐射，且在该方向上的辐射强度为 1/683 $W\cdot sr^{-1}$
物质的量	摩[尔]②	mol	摩尔是一系统的物质的量，该系统中所包含的基本单元数与 0.012 kg 碳-12 的原子数目相等。在使用摩尔时，基本单元应予指明，可以是原子、分子、离子、电子及其他粒子，或是这些粒子的特定组合体

① 质量是 SI 中唯一没有自然基准的物理量；也只有质量的基本单位带有十进倍数单位。

② 去掉方括号是中文名称的全称；去掉方括号及方括号中的字，即成为简称。以下诸表用法相同。

附表 2　具有专门名称和符号的 SI 导出单位

量的名称	单位名称	单位符号	表示式	
			用 SI 单位	用 SI 基本单位
频率	赫[兹]	Hz	—	s^{-1}
力，重力	牛[顿]	N	—	$m\cdot kg\cdot s^{-2}$
压力，应力	帕[斯卡]	Pa	$N\cdot m^{-2}$	$m^{-1}\cdot kg\cdot s^{-2}$
能[量]，功，热量	焦[耳]	J	$N\cdot m$	$m^{2}\cdot kg\cdot s^{-2}$
功率，辐射通量	瓦[特]	W	$J\cdot s^{-1}$	$m^{2}\cdot kg\cdot s^{-2}$
电荷[量]	库[仑]	C	—	$s\cdot A$
电压，电动势，电位（电势）	伏[特]	V	$W\cdot A^{-1}$	$m^{2}\cdot kg\cdot s^{-3}\cdot A^{-1}$

续表

量的名称	单位名称	单位符号	表示式	
			用 SI 单位	用 SI 基本单位
电容	法[拉]	F	$C \cdot V^{-1}$	$m^{-2} \cdot kg^{-1} \cdot s^4 \cdot A^2$
电阻	欧[姆]	Ω	$V \cdot A^{-1}$	$m^2 \cdot kg \cdot s^{-3} \cdot A^{-2}$
电导	西[门子]	S	$A \cdot V^{-1}$	$m^{-2} \cdot kg^{-1} \cdot s^3 \cdot A^2$
磁通量	韦[伯]	Wb	$V \cdot s$	$m^2 \cdot kg \cdot s^{-2} \cdot A^{-1}$
磁通量密度,磁感应强度	特[斯拉]	T	$Wb \cdot m^{-2}$	$kg \cdot s^{-2} \cdot A^{-1}$
电感	亨[利]	H	$Wb \cdot A^{-1}$	$m^2 \cdot kg \cdot s^{-2} \cdot A^{-2}$
光通量	流[明]	lm	—	$cd \cdot sr$
[光]照度	勒[克斯]	lx	$lm \cdot m^{-2}$	$m^{-2} \cdot cd \cdot sr$
放射性活动①	贝克[勒尔]	Bq	—	s^{-1}
吸收剂量①	戈[瑞]	Gy	$J \cdot kg^{-1}$	$m^2 \cdot s^{-2}$
摄氏温度	摄氏度	℃	—	K
剂量当量①	希[沃特]	Sv	$J \cdot kg^{-1}$	$m^2 \cdot s^{-2}$

① 由于人类健康防护上的需要而确定的。

附表 3 一些物理化学常数

常数	符号	数值①	单位
真空中的光速	c_0	$2.99792458(12) \times 10^8$	$m \cdot s^{-1}$
真空磁导率	$\mu_0 = 4\pi \times 10^{-7}$	12.566371×10^7	$H \cdot m^{-1}$
真空电容率	$\varepsilon_0 = (\mu_0 c^2)^{-1}$	$8.85418782(7) \times 10^{-12}$	$F \cdot m^{-1}$
基本电荷	e	$1.60217733(49) \times 10^{-19}$	C
精细结构常数	$\alpha = \mu_0 c e^2 / 2h$	$7.29735308(33) \times 10^{-3}$	
普朗克常数	h	$6.6260755(40) \times 10^{-34}$	$J \cdot s$
阿伏伽德罗常数	L	$6.0221367(36) \times 10^{23}$	mol^{-1}
电子的静止质量	m_c	$9.1093897(54) \times 10^{-31}$	kg
质子的静止质量	m_p	$1.6726231(10) \times 10^{-27}$	kg
中子的静止质量	m_n	$1.6749286(10) \times 10^{-27}$	kg
法拉第常数	F	$9.6485309(29) \times 10^4$	$C \cdot mol$
里德堡常数	R_x	$1.0973731534(13) \times 10^7$	m^{-1}
玻尔半径	$\alpha_0 = \alpha / 4\pi R_x$	$5.29177249(24) \times 10^{-11}$	m
玻尔磁子	$\mu_B = eh / 4\pi m_c$	$9.2740154(31) \times 10^{-24}$	$J \cdot T^{-1}$
核磁子	$\mu_N = eh / 2m_p c$	$5.0507866(17) \times 10^{-27}$	$J \cdot T^{-1}$
摩尔气体常数	R	$8.314510(70)$	$J \cdot K^{-1} \cdot mol^{-1}$
玻尔兹曼常数	$k = R / L$	$1.380658(12) \times 10^{-23}$	$J \cdot K^{-1}$

① 括号中数字是标准偏差。

数据参见：国际纯粹与应用化学联合会物理化学符号、术语和单位委员会编《物理化学平均量、单位和符号》，漆德瑶等译，科学技术文献出版社（1991）。

附表 4　低共熔混合物的组成和低共熔温度

组分Ⅰ		组分Ⅱ		$(t_{c,E})$[①]/℃	低共熔混合物的组成（按质量分数）/%	
金属	$(t_{c,m})$[②]/℃	金属	$(t_{c,m})$/℃			
Sn	232	Pb	327	183	Sn,63.0	Pb,37.0
Sn	232	Zn	420	198	Sn,91.0	Zn,9.0
Sn	232	Ag	961	221	Sn,96.5	Ag,3.5
Sn	232	Cu	1083	227	Sn,99.2	Cu,0.8
Sn	232	Bi	271	140	Sn,42.0	Bi,58.0
Sb	630	Pb	327	246	Sb,12.0	Pb,88.0
Bi	271	Pb	327	124	Bi,55.5	Pb,44.5
Bi	271	Cd	321	146	Bi,60.0	Cd,40.0
Cd	321	Zn	420	270	Cd,83.0	Zn,17.0

① 低共熔温度（$t_{c,E}$）是一种混合物的两种固态组分与液相达到平衡时的最低温度。

② （$t_{c,m}$）表示熔化温度。

附表 5　不同温度下水的饱和蒸气压

t/℃	0.0		0.2		0.4		0.6		0.8	
	mmHg	kPa	mmHg	kPa	mmHg	kPa	mmHg	kPa	mmHg	kPa
0	4.579	0.6105	4.647	0.6195	4.715	0.6286	4.785	0.6379	4.855	0.6473
1	4.926	0.6567	4.998	0.6663	5.070	0.6759	5.144	0.6858	5.219	0.6958
2	5.294	0.7058	5.370	0.7159	5.447	0.7262	5.525	0.7366	5.605	0.7473
3	5.685	0.7579	5.766	0.7687	5.848	0.7797	5.931	0.7907	6.015	0.8019
4	6.101	0.8134	6.187	0.8249	6.274	0.8365	6.363	0.8483	6.453	0.8603
5	6.543	0.8723	6.635	0.8846	6.728	0.8970	6.822	0.9095	6.917	0.9222
6	7.013	0.9350	7.111	0.9481	7.209	0.9611	7.309	0.9745	7.411	0.9880
7	7.513	1.0017	7.617	1.0155	7.722	1.0295	7.828	1.0436	7.936	1.0580
8	8.045	1.0726	8.155	1.0872	8.267	1.1022	8.380	1.1172	8.494	1.1324
9	8.609	1.1478	8.727	1.1635	8.845	1.1792	8.965	1.1952	9.086	1.2114
10	9.209	1.2278	9.333	1.2443	9.458	1.2610	9.585	1.2779	9.714	1.2951
11	9.844	1.3124	9.976	1.3300	10.109	1.3478	10.244	1.3658	10.380	1.3839
12	10.518	1.4023	10.658	1.4210	10.799	1.4397	10.941	1.4527	11.085	1.4779
13	11.231	1.4973	11.379	1.5171	11.528	1.5370	11.680	1.5572	11.833	1.5776

续表

t/℃	0.0		0.2		0.4		0.6		0.8	
	mmHg	kPa	mmHg	kPa	mmHg	kPa	mmHg	kPa	mmHg	kPa
14	11.987	1.5981	12.144	1.6191	12.302	1.6401	12.462	1.6615	12.624	1.6831
15	12.788	1.7049	12.953	1.7269	13.121	1.7493	13.290	1.7718	13.461	1.7946
16	13.634	1.8177	13.809	1.8410	13.987	1.8648	14.166	1.8886	14.347	1.9128
17	14.530	1.9372	14.715	1.9618	14.903	1.9869	15.092	2.0121	15.284	2.0377
18	15.477	2.0634	15.673	2.0896	15.871	2.1160	16.071	2.1426	16.272	2.1694
19	16.477	2.1967	16.685	2.2245	16.894	2.2523	17.105	2.2805	17.319	2.3090
20	17.535	2.3378	17.753	2.3669	17.974	2.3963	18.197	2.4261	18.422	2.4561
21	18.650	2.4865	18.880	2.5171	19.113	2.5482	19.349	2.5796	19.587	2.6114
22	19.827	2.6434	20.070	2.6758	20.316	2.7086	20.565	2.7418	20.815	2.7751
23	21.068	2.8088	21.324	2.8430	21.583	2.8775	21.845	2.9124	22.110	2.9478
24	22.377	2.9833	22.648	3.0195	22.922	3.0560	23.198	3.0928	23.476	3.1299
25	23.756	3.1672	24.039	3.2049	24.326	3.2432	24.617	3.2820	24.912	3.3213
26	25.209	3.3609	25.509	3.4009	25.812	3.4413	26.117	3.4820	26.426	3.5232
27	26.739	3.5679	27.055	3.6070	27.374	3.6496	27.696	3.6925	28.021	3.7358
28	28.349	3.7795	28.680	3.8237	29.015	3.8683	29.354	3.9135	29.697	3.9593
29	30.043	4.0054	30.392	4.0519	30.745	4.0990	31.102	4.1466	31.461	4.1944
30	31.824	4.2428	32.191	4.2918	32.561	4.3411	32.934	4.3908	33.312	4.4412
31	33.695	4.4923	34.082	4.5439	34.471	4.5957	34.864	4.6481	35.261	4.7011
32	35.663	4.7547	36.068	4.8087	36.584	4.8632	36.891	4.9184	37.308	4.9740
33	37.729	5.0301	38.1455	5.0869	38.584	5.1441	39.018	5.2020	39.457	5.2605
34	39.898	5.3193	40.344	5.3787	40.796	5.4390	41.251	5.4997	41.710	5.5609
35	42.175	5.6229	42.644	5.6854	43.117	5.7484	43.595	5.8122	44.078	5,8766
36	44.563	5.9412	45.054	6.0067	45.549	6.0727	46.050	6.1395	46.556	6.2069
37	47.067	6.2751	47.582	6.3437	48.102	6.4130	48.627	6.4830	49.157	6.5537
38	49.692	6.6250	50.231	6.6969	50.774	6.7693	51.323	6.8425	51.879	6.9166
39	52.442	6.9917	53.009	7.0673	53.580	7.1434	54.156	7.2202	54.737	7.2976
40	55.324	7.3759	55.91	7.451	56.51	7.534	57.11	7.614	57.72	7.695

附表 6　不同温度下水的密度

t/℃	ρ/(kg · m^{-3})	t/℃	ρ/(kg · m^{-3})	t/℃	ρ/(kg · m^{-3})
0	999.8395	35	994.0319	70	977.7696
1	999.8985	36	993.6842	71	977.1962
2	999.9399	37	993.3287	72	976.6173
3	999.9642	38	992.9653	73	976.0332
4	999.9720	39	992.5943	74	975.4437
5	999.9638	40	992.2158	75	974.8990
6	999.9402	41	991.8298	76	974.2490
7	999.9015	42	991.4364	77	973.6439
8	999.8482	43	991.0358	78	973.0336
9	999.7808	44	990.6280	79	972.4183
10	999.6996	45	990.2132	80	971.7918
11	999.6051	46	989.7914	81	971.1723
12	999.4974	47	989.3628	82	970.5417
13	999.3771	48	988.9273	83	969.9062
14	999.2444	49	988.4851	84	969.2657
15	999.0996	50	988.0363	85	968.6203
16	998.9430	51	987.5809	86	967.9700
17	998.7749	52	987.1190	87	967.3148
18	998.5956	53	986.6508	88	966.6547
19	998.4052	54	986.1761	89	965.9898
20	998.2041	55	985.6952	90	965.3201
21	997.9925	56	985.2081	91	964.6457
22	997.7705	57	984.7149	92	963.9664
23	997.5385	58	984.2156	93	963.2825
24	997.2965	59	983.7102	94	962.5938
25	997.0449	60	983.1989	95	961.9004
26	996.7837	61	982.6817	96	961.2023
27	996.5132	62	982.1586	97	960.4996
28	996.2335	63	981.6297	98	959.7923
29	995.9448	64	981.0951	99	959.0803
30	995.6473	65	980.5548	100	958.3637
31	995.3410	66	980.0089		
32	995.0262	67	979.4573		
33	994.2030	68	978.9003		
34	994.3715	69	978.3377		

注：也可用以下方程计算。

$$\rho/(\mathrm{kg\cdot m^{-3}})=\frac{999.83952+16945176t/℃-7.9870401\times10^{-3}t/℃-46.170461\times10^{-6}t/℃+105.56302\times10^{-9}t/℃-280.5425\times10^{-12}t/℃}{1+16.879850\times10^{-3}t/℃}$$

附表 7　一些有机化合物的密度与温度的关系

表中所列有机化合物的密度可用下面方程式计算：

$$\rho = [\rho_0 + 10^{-3}\alpha t + 10^{-6}\beta t^2 + 10^{-9}\gamma t^3] \pm 10^{-4}$$

式中，ρ_0 为 0 ℃时的密度；ρ_t 为 t ℃时的密度。

化合物名称	分子式	$\rho_0/(g \cdot cm^{-3})$	α	β	γ	误差范围	温度范围/℃
四氯化碳	CCl_4	1.63255	−1.9110	−0.690		0.0002	0～40
氯仿	$CHCl_3$	1.52643	−1.8363	−0.5309	−8.81	0.0001	−53～+55
甲醇	CH_4O	0.80909	−0.9253	−0.41			
乙醇	C_2H_6O	0.78506①	−0.8591	−0.56	−5		10～40
丙酮	C_3H_6O	0.81248	−1.100	−0.858		0.001	0～50
乙酸甲酯	$C_3H_6O_2$	0.93932	−1.2710	−0.405	−6.09	0.001	0～100
乙酸乙酯	$C_4H_8O_2$	0.92454	−1.168	−1.95	+20	0.00005	0～40
乙醚	$C_4H_{10}O$	0.73629	−1.1138	−1.237		0.0001	0～70
苯	C_6H_6	0.90005	−1.0638	−0.0376	−2.213	0.0002	11～72
酚	C_6H_6O	1.03893	−0.8188	−0.670		0.001	40～150

① 0.78506 $g \cdot cm^{-3}$ 为 25 ℃时的密度，利用上述方程式计算时，温度项应该用（t−25 ℃）代入。

附表 8　某些溶剂的凝固点降低常数

溶剂名称	分子式	凝固点 t_f/℃	降低常数 $K_f/(℃ \cdot kg \cdot mol^{-1})$
醋酸	$C_2H_4O_2$	16.66	3.90
四氯化碳	CCl_4	−22.95	29.8
1,4-二噁烷	$C_4H_8O_2$	11.8	4.63
1,4-二溴代苯	$C_6H_4Br_2$	87.3	12.5
苯	C_6H_6	5.533	5.12
环己烷	C_6H_{12}	6.54	20.0
萘	$C_{10}H_8$	80.290	6.94
樟脑	$C_{10}H_{16}O$	178.75	37.7
水	H_2O	0	1.86

附表 9　标准电极电势及其温度系数

电极反应	$\varphi^{\ominus}$/V	$(d\varphi^{\ominus}/dT)/(mV \cdot K^{-1})$
$Ag^+ + e^- \longrightarrow Ag$	+0.7991	−1.000
$AgCl + e^- \longrightarrow Ag + Cl^-$	+0.2224	−0.658

续表

电极反应	$\varphi^{\ominus}$/V	$(d\varphi^{\ominus}/dT)/(mV \cdot K^{-1})$
$AgI+e^- \rightleftharpoons Ag+I^-$	−0.151	−0.284
$Ag(NH_3)_2^+ +e^- \rightleftharpoons Ag+2NH_3$	+0.373	−0.460
$Cl_2(g)+2e^- \rightleftharpoons 2Cl^-$	+1.3595	−1.260
$2HClO(aq)+2H^+ +2e^- \rightleftharpoons Cl_2(g)+2H_2O$	+1.63	−0.14
$Cr_2O_7^{2-} +14H^+ +6e^- \rightleftharpoons 2Cr^{3+} +7H_2O$	+1.33	−1.263
$HCrO_4+7H^+ +3e^- \rightleftharpoons Cr^{3+} +4H_2O$	+1.2	
$Cu^+ +e^- \rightleftharpoons Cu$	+0.521	−0.058
$Cu^{2+} +2e^- \rightleftharpoons Cu$	+0.337	+0.008
$Cu^{2+} +e^- \rightleftharpoons Cu^+$	+0.153	+0.073
$Fe^{2+} +2e^- \rightleftharpoons Fe$	−0.440	+0.052
$Fe(OH)_2+2e^- \rightleftharpoons Fe+2OH^-$	−0.877	−1.00
$Fe^{3+} +e^- \rightleftharpoons Fe^{2+}$	+0.771	+1.183
$Fe(OH)_3+e^- \rightleftharpoons Fe(OH)_2+OH^-$	−0.56	−0.96
$2H^+ +2e^- \rightleftharpoons H_2(g)$	0.0000	0
$2H^+ +2e^- \rightleftharpoons H_2(aq,sat)$	+0.0004	+0.033
$Hg_2^{2+} +2e^- \rightleftharpoons 2Hg^+$	+0.792	
$Hg_2Cl_2+2e^- \rightleftharpoons 2Hg+2Cl^-$	+0.2676	−0.317
$HgS+2e^- \rightleftharpoons Hg+S^{2-}$	−0.69	−0.79
$HgI_4^{2-} +2e^- \rightleftharpoons Hg+4I^-$	−0.038	+0.04
$Li^+ +e^- \rightleftharpoons Li$	−3.045	−0.534
$Na^+ +e^- \rightleftharpoons Na$	−2.714	−0.772
$Ni^{2-} +2e^- \rightleftharpoons Ni$	−0.250	+0.06
$O_2(g)+2H^+ +2e^- \rightleftharpoons H_2O_2(aq)$	+0.682	−1.033
$O_2(g)+4H^+ +4e^- \rightleftharpoons 2H_2O$	+1.229	−0.846
$O_2(g)+2H_2O+4e^- \rightleftharpoons 4OH^-$	+0.401	−1.680
$H_2O_2(aq)+2H^+ +2e^- \rightleftharpoons 2H_2O$	+1.77	−0.658
$2H_2O+2e^- \rightleftharpoons H_2+2OH^-$	+0.8281	−0.8342
$Pb^{2+} +2e^- \rightleftharpoons Pb$	−0.126	−0.451

续表

电极反应	φ①/V	($d\varphi$①$/dT$)/($mV \cdot K^{-1}$)
$PbO_2+H_2O+2e^-$ ══ $PbO(red)++2OH^-$	−0.248	−1.194
$PbO_2+SO_4^{2-}+4H^++2e^-$ ══ $PbSO_4+2H_2O$	+1.685	−0.326
$S+2H^++2e^-$ ══ $H_2S(aq)$	+0.141	−0.209
$Sn^{2+}+2e^-$ ══ $Sn(white)$	−0.136	−0.282
$Sn^{4+}+2e^-$ ══ Sn^{2+}	+0.15	
$Zn^{2+}+2e^-$ ══ Zn	−0.7628	+0.091
$Zn(OH)_2+2e^-$ ══ $Zn+2OH^-$	−1.245	−1.002

① 25 ℃测得的数据。

附表 10　不同温度下饱和甘汞电极（SCE）的电极电势

t/℃	φ①/V	t/℃	φ①/V
0	0.2568	40	0.2307
10	0.2507	50	0.2233
20	0.2444	60	0.2154
25	0.2412	70	0.2071
30	0.2378		

① 25 ℃测得的数据；相对于标准氢电极（NHE）。

附表 11　KCl 溶液的电导率　　单位：$S \cdot cm^{-1}$

t/℃	c①/($mol \cdot dm^{-3}$)			
	1.000	0.1000	0.0200	0.0100
0	0.06541	0.00715	0.001521	0.000776
5	0.07414	0.00822	0.001752	0.000896
10	0.08319	0.00933	0.001994	0.001020
15	0.09252	0.01048	0.002243	0.001147
16	0.09441	0.01072	0.002294	0.001173
17	0.09631	0.01095	0.002345	0.001199
18	0.09822	0.01119	0.002397	0.001225
19	0.10014	0.01143	0.002449	0.001251
20	0.10207	0.01167	0.002501	0.001278
21	0.10400	0.01191	0.002553	0.001305

续表

t/℃	c[①]/(mol·dm^{-3})			
	1.000	0.1000	0.0200	0.0100
22	0.10594	0.01215	0.002606	0.001332
23	0.10789	0.01239	0.002659	0.001359
24	0.10984	0.01264	0.002712	0.001386
25	0.11180	0.01288	0.002765	0.001413
26	0.11377	0.01313	0.002819	0.001441
27	0.11574	0.01337	0.002873	0.001468
28		0.01362	0.002927	0.001496
29		0.01387	0.002981	0.001524
30		0.01412	0.003036	0.001552
35		0.01539	0.003312	
36		0.01564	0.003368	

① 在空气中称取74.56 g KCl，溶于18 ℃水中，稀释到1 dm^3，其浓度为1.000 mol·dm^{-3}（密度1.0449 g·cm^{-3}），再稀释得其他浓度溶液。

附表12　不同温度下水和乙醇的折射率

t/℃	纯水	99.8%乙醇	t/℃	纯水	99.8%乙醇
14	1.33348		34	1.33136	1.35474
15	1.33341		36	1.33107	1.35390
16	1.33333	1.36210	38	1.33079	1.35306
18	1.33317	1.36129	40	1.33051	1.35222
20	1.33299	1.36048	42	1.33023	1.35138
22	1.33281	1.35967	44	1.32992	1.35054
24	1.33262	1.35885	46	1.32959	1.34969
26	1.33241	1.35803	48	1.32927	1.34885
28	1.33219	1.35721	50	1.32984	1.34800
30	1.33192	1.35639	52	1.32860	1.34715
32	1.33164	1.35557	54	1.32827	1.34629

注：相对于空气；钠光波长589.3 nm。

附表 13　一些有机化合物的折射率及温度系数

化合物名称	分子式	n_D^{15}	n_D^{20}	n_D^{25}	$10^5 \times dn/dt$
四氯化碳	CCl_4	1.4631	1.4603	1.459	−55
三溴甲烷	$CHBr_3$	1.6005			−57
三氯甲烷	$CHCl_3$	1.4486	1.4456		−59
二碘甲烷	CH_2I_2	1.7443			−64
甲醇	CH_4O	1.3306	1.3286	1.326	−40
乙醇	C_2H_6O	1.3633	1.3613	1.359	−40
丙酮	C_3H_6O	1.3616	1.3591	1.357	−49
正丁酸	$C_4H_8O_2$		1.3980	1.396	
溴苯	C_6H_5Br	1.5625	1.5601	1.557	−48
氯苯	C_6H_5Cl	1.5275	1.5246		−58
碘苯	C_6H_5I	1.6230			−55
苯	C_6H_6	1.5044	1.5011	1.498	−66
正丁酸乙酯	$C_6H_{12}O_2$		1.4000		
甲苯	C_7H_8	1.4999	1.4969	1.4941	−57
甲基环己烷	C_7H_{14}	1.4256	1.4231	1.421	−47
2,2,4-三甲基戊烷	C_8H_{18}		1.3915	1.389	
二硫化碳	CS_2	1.6319	1.6280		−78

附表 14　几种常用液体的折射率

物质	t/℃		物质	t/℃	
	15	20		15	20
苯	1.50439	1.50110	四氯化碳	1.46305	1.46044
丙酮	1.36175	1.35911	环己烷	1.4290	
甲苯	1.4998	1.4968	硝基苯	1.5547	1.5524
醋酸	1.3776	1.3717	正丁醇		1.39909
氯苯	1.52748	1.52460	二硫化碳	1.62935	1.62546
氯仿	1.44853	1.44550	甲醇	1.3300	1.3286

附表 15　不同温度下水的黏度和表面张力

t/℃	η/(mPa·s)	γ/(10^{-3}N·m^{-1})	t/℃	η/(mPa·s)	γ/(10^{-3}N·m^{-1})
0	1.787	75.64	25	0.8904	71.97
5	1.519	74.92	26	0.8705	71.82
10	1.307	74.23	27	0.8513	71.66
11	1.271	74.07	28	0.8327	71.50
12	1.235	73.93	29	0.8148	71.35
13	1.202	73.78	30	0.7975	71.2
14	1.169	73.64	35	0.7194	70.38
15	1.139	73.49	40	0.6529	69.6
16	1.109	73.34	45	0.596	68.74
17	1.081	73.19	50	0.5468	67.94
18	1.053	73.05	55	0.504	67.05
19	1.027	72.90	60	0.4665	66.24
20	1.002	72.75	70	0.4042	64.47
21	0.9779	72.59	80	0.3547	62.67
22	0.9548	72.44	90	0.3147	60.82
23	0.9325	72.28	100	0.2818	58.91
24	0.9111	72.13			

参见：Daivd R Lide. CRC Handbook of Chemistry and Physics. 73rd ed. 1992-1993，6-10；Robert C Weast. CRC Handbook of Chemistry and Physics. 69th ed. 1988-1989，F-34，F-40。

附表 16　几种液体不同温度下的黏度

t/℃	η/(mPa·s)		
	苯	乙醇	氯仿
0	0.912	1.786	0.706
10	0.758	1.451	0.625
15	0.698	1.345	0.597
16	0.685	1.32	0.591
17	0.677	1.29	0.586
18	0.666	1.265	0.58
19	0.656	1.238	0.574
20	0.647	1.216	0.568
21	0.638	1.188	0.562
22	0.629	1.186	0.556

续表

t/℃	η/(mPa·s)		
	苯	乙醇	氯仿
23	0.621	1.143	0.551
24	0.611	1.123	0.545
25	0.604	1.103	0.537
30	0.566	0.991	0.514
40	0.482	0.823	0.464
50	0.436	0.694	0.427

参见：Daivd R Lide. CRC Handbook of Chemistry and Physics. 73rd ed. 1992-1993，6-166。

附表 17　一些液体的蒸气压

液体	$\lg(p/\text{mmHg})=A-B/(t/℃+C)$①			$\ln(p/\text{Pa})=A'-B'/(T/\text{K}+C')$②		
	A	B	C	A'	B'	C'
丙酮(5～50 ℃)	7.11714	1210.595	229.664	21.2805	2787.49	−43.49
醋酸(10～100 ℃)	7.38782	1533.313	222.309	21.9038	3530.58	−50.84
苯(8～103 ℃)	6.90565	1211.033	220.790	20.7937	2788.5	−52.36
环己烷(20～81 ℃)	6.84130	1201.53	222.65	20.6454	2766.62	−50.50
环己烯(20～80 ℃)	6.88617	1229.973	224.10	20.7488	2832.11	−49.05
乙酸乙酯(15～76 ℃)	7.10179	1244.95	217.88	21.2453	2866.60	−55.27
乙醇(−2～100 ℃)	8.32109	1718.10	237.52	24.0528	3956.07	−35.63
溴(5～50 ℃)	6.87780	1119.68	221.38			
碘(5～50 ℃)	9.8109	2901.0	256.00	27.4832	6679.8	−17.15
乙醚(−61～20 ℃)	6.9203	1064.07	228.80	20.8274	2450.11	−44.35
氯仿(−35～61 ℃)	6.4934	929.44	196.03	19.8444	2140.12	−77.12

① 摘自迪安 J A 主编．蓝氏化学手册．尚久方等译．北京：科学出版社，1991，10-35.

② 式中的常数值，系由①式的 p-t 数据拟合而得。

附表 18　无限稀释离子摩尔电导　单位：$10^{-4}\ \text{m}^2\cdot\text{S}\cdot\text{mol}^{-1}$

离子	0 ℃	18 ℃	25 ℃	50 ℃
H^+	240	314	349.65	465
K^+	40.4	64.6	73.48	115
Na^+	26	43.5	50.06	82
NH^+	40.2	64.5	73.5	115
Ag^+	32.9	54.3	61.9101	
$\frac{1}{2}Ba^{2+}$	33	55	63.6	104

续表

离子	0 ℃	18 ℃	25 ℃	50 ℃
$\frac{1}{2}Ca^{2+}$	30	51	59.47	98
$\frac{1}{3}La^{3+}$	35	61	69.7	119
OH^-	105	172	198	284
Cl^-	41.1	65.5	76.31	116
NO_3^-	40.4	61.7	71.42	104
$\frac{1}{2}SO_4^{2-}$	41	68	80.0	125
$\frac{1}{2}C_2O^{3-}$	39	63	73	115
$\frac{1}{4}Fe(CN)_6^-$	58	95	110.4	173

注：25 ℃数据摘自 Robert C Weast. CRC Handbook of Chemistry and Physics. 66th ed. 1985-1986，D-167。